動物園まんだら

中川哲男

東方出版

動物園まんだら●目次

第3章 生態・行動・習性 71

第1章　ルーツを探る

1　ニワトリを考える

ニワトリが家畜化されたのはおよそ九〇〇〇年前のことで、そのルーツは東南アジア、インド、中国南部に現在も生息するセキショクヤケイ（赤色野鶏）であるとされています。ヤケイは四種類いますが、そのうちのセキショクヤケイは人との接点も多く、容易に捕獲され、飼い馴（な）らされ、殖やされ、これらの特性が助長され改良が加えられて家畜のニワトリになったと言われています。日本へは東南アジアから中国大陸、朝鮮半島を通じて渡来する大陸北進ルートと、スラウェシ（旧セレベス）、フィリピン、台湾、南西諸島を通じて渡来する海洋ルートの二つが考えられ、日本鶏は遺伝的にもこれらの混交によって作出されたと言われています。ニワトリの品種は特に日本では鳴き声と姿を愛でて多くが作出され、また、南アジアからヨーロッパルートでイギリスに渡って多くの品種を作出しました。

世界共通の食材

世界にはイスラム教、キリスト教、ヒンズー教、仏教の四大宗教があります。これらの宗教には厳しい戒律や教えがあって、全てとは申しませんが一部の獣肉の摂取を戒めています。イ

セキショクヤケイ

スラム教ではブタは禁忌ですし、ヒンズー教ではウシが禁忌です。一時期、仏教も殺生を禁じる教えから肉食を慎む風潮がありましたが、今ではそうでありません。宗教に関係なく世界で広く食されるのはニワトリとヒツジ、ヤギぐらいでしょうか。食文化を含め、文化は宗教の伝播や戦争、侵略と密接に関係すると思われます。食材としてのニワトリの伝播や品種改良はニワトリがたやすく持ち運びができ、携行食糧として、また卵も得られ、増産が容易で備蓄でき、場合によっては時計代わりに時告げ鳥としての機能も発揮することから抵抗なく利用されていったものと思われます。

ところで動物には早成性と晩成性があります。哺乳類では草食獣のヒツジやシマウマ、キリンなどが早成性の哺乳類として代表的ですが、鳥類ではニワトリをはじめとするキジ類、ガン・カモ類、ツル類、ダチョウなどがそれに当たります。早成性とは子宮内や卵の中で十分に発育し、生まれ出ると親と一緒に採食したり行動ができることを言います。また、晩成性とは出産、孵化しても体が十分にできておらず、親と共にすぐ行動ができず保護を必要とするものをいい、哺乳類ではサルの仲間や猛獣類、鳥類ではワシ・タカの猛禽類やコウノトリの仲間がこれに当たります。

ここで天王寺動物園の一つの例をご紹介しましょう。孵卵器で人工的に孵化させたダチョウやエミュー、レアなどの走鳥類のことですが、これらは元来、早成性ですが、人工孵化させたために親からの刷り込みができておらず、そのためひとりでエサを取ることができません。

人工孵化のヒナのお手本

　そこで人工孵化したヒナたちの中にニワトリのヒヨコや中ヒナを入れてやると、ヒヨコは自然に自由に地面の虫や容器に入れたエサを啄ばみます。これに刺激を受けてひとりでエサを採れなかったダチョウのヒナが見よう見まねで餌付くようになります。同じ早成性でも自然孵化と人工孵化にはこれほどの差があるのですね。

　早成性で言えばもう一つ、私たちがスーパーで買い求める○○若鶏と称するブロイラーは生後六〇日の早さで出荷されます。銘柄鶏といわれる○○赤鶏とか、××軍鶏とか、△△地鶏ですら一〇〇日から一二〇日で出荷されています。年配の方では昔の鶏肉はもう少し硬くて滋味も深かったなんて思うことでしょう。

　最近はバッグ、時計、装身具に限らず牛肉や豚肉ですら松坂牛、近江牛、鹿児島黒豚ともてはやされ、鶏肉までもがブランド志向となり、比内鶏、薩摩地鶏などの高級銘柄を追い求めるようになりました。そのため、その隙をついて混ぜ物、すり替え物など偽ものが横行する時代になり、安心できなくなりました。これも贅沢になった弊害なんでしょうか？

2　キーウイ、果物ではなく鳥の方

キーウイのお話をしますと言うと、一般の方は果物のキーウイを思い浮べるようです。いまだにキーウイが鳥であるということも知られていないようです。それはキーウイが身近に見られる動物でもなかったからです。

天王寺動物園での展示が日本初

日本でキーウイが初めて展示されたのは天王寺動物園です。一九七〇（昭和四五）年の大阪万国博覧会でニュージーランド政府から一ペアーがプレゼントされました。それ以降、八二年にヒナを三羽、八八年に一羽、九一（平成三）年に一羽の計七羽がニュージーランドからプレゼントされました。残念ながら現在は二羽しかおりません。

大阪万博以来、キーウイの名前がメディアに紹介されるようになってから、市民にもぼちぼちその名前が知られるようになりましたが、国際親善動物で完全な夜行性動物ということで、一般客は言うに及ばず園の職員ですらもその姿を自由に見ることはできませんでした。

当初はその飼い方も手探り状態だったようです。詳しい情報もあまりなくミミズを一日に四

キーウィ

○○匹食べるだとか、はたまたイチゴや木の実、豆類にキャベツを食べるなんて情報も飛び交って混乱していたようです。その頃はエサのミミズも今のように養殖したものが業者からコンスタントに入荷するわけでもなく、職員が園内に養殖場を作ったり、あちらこちらにミミズ採りに出かけたり、市民に呼びかけてプレゼントをしてもらったりと大変だったようです。

夜行性動物舎で見られる姿

二回目の来園以降は飼育方法も確立し、人工飼料の作り方も手ほどきしてもらって、エサに困るようなことは無くなりました。動物園の創立七〇周年（一九八五年）の時には夜行性動物舎もできあがり、ここに移してからはその姿を十分に見ることができるようになりました。

キーウイはニュージーランドの国鳥で尾羽や翼がなく、ダチョウと同じく飛べない鳥で、解剖学的には一八世紀に絶滅した「モア」の仲間と共通のものを持っていると言われています。

体の大きさはニワトリぐらいですが、卵は一個四五〇グラム以上もあります。嗅覚も非常に発達しており、嘴（くちばし）の付け根にはネコのヒゲのような触毛に似た細く羽の変化したものを持っています。これは原生林の下草の中を歩く時や木の根株や洞に潜り込む時に触覚の役目をします。

天王寺動物園のキーウイを観察していると長い嘴をブスッ、ブスッと半分以上も腐葉土の中に突き刺しています。普通、鳥の鼻の穴は嘴の付け根に開いていますが、キーウイの鼻の穴は嘴の先端に内側に折れ曲がって開いています。これは嘴を地面に突き刺す時に鼻の穴を保護する働きがあり、嗅覚が非常に鋭いので土の中の虫の臭いを嗅ぎ取るのに好都合となっています。

名前の由来は「キィ〜ィ、キィ〜ィ」と鳴く鳴き声によるものだと言われています。ちなみにニュージーランド人は自分たちのことを「キーウイ」と呼び、オーストラリア人のことを「オージー」と呼んでいます。

キーウイフルーツは鳥にちなむ名

ところでキーウイと言うとどうしてもキーウイフルーツのことを連想しますが、この果物について、少しお話をします。キーウイフルーツはその形状や果皮の色が鳥のキーウイに似ていることと、当初ニュージーランドで栽培が進められたことから鳥のキーウイにちなんで名付けられました。

その栽培の歴史は英国の植物収集家が一八四七年に中国から英国に持ち帰って紹介し、一九〇六年になって中国からニュージーランドに種がもたらされて栽培研究が始まり、三四年に果実として栽培されるようになりました。日本へは六四年に初めて果実が輸入され、奇しくも大阪万博に鳥のキーウイが出展された年から果実としてニュージーランドから本格輸入されるようになりました。

初めて果実が輸入された頃は中国原産ということもあって「チュウゴクサルナシ」とか「チャイニーズ・グーズベリー」という名前で売られていましたが、名前が馴染まずさっぱり売れなかったそうです。そこで「キーウイフルーツ」の名前に変えてから売れるようになったそうです。

キーウイが日本に来て三五年余。昔はあまり見えなかったキーウイも今ではすっかり天王寺動物園の環境に馴れてよく見えるようになりました。これを機会にもう一度ご覧になってはいかがでしょうか？

3　京劇俳優・ベニジュケイ

春から初夏にかけてはほとんどの動物が繁殖シーズンを迎えます。園内の鳥類はあちらこちらで恋のディスプレーを展開しています。鳴けないコウノトリは嘴を打ち合わすクラッターリングを盛んにし、サギ類は背中の飾り羽や冠羽を目立たせたり、ツル類では肉垂れや頭頂を真っ赤にしてダンスをしたり、キジ類では肉冠(とさか)や肉垂れを大きく膨らませます。フラミンゴでは体がいちだんとピンク色や紅色に染まっていきます。

中国東南部原産

さて、天王寺動物園では極めて珍しいジュケイ類五種のうち三種（ジュケイ、ヒオドシジュケイ、ベニジュケイ）を飼育展示しています。ジュケイは中国東南部の山岳地帯に棲む中国国家第一級の動物でCITES（ワシントン条約）付属書Iに属し、中国名で黄腹角雉と言います。

天王寺動物園でベニジュケイの飼育を始めた頃、何とかジュケイも飼育してみたいと思い、友好都市提携をしている上海市に何度か親善動物として譲ってもらえないかと交渉しましたが、国家第一級動物で北京の中国科学院や野生動物保護協会なり、政府林業局の許可が下りないのでいっさい出せないと冷たい返事しか帰ってきませんでした。今から二十数年前の話ですが、当時この鳥の価格は一〇〇〇万円と言われたこともありました。しかし、あきらめた頃に何故か動物商から比較的安い価格で入手することができました。ジュケイに対する熱い思いがありましたので中国へ行くたびに、現地の動物園でジュケイを探し、写真に収めたことを思い出します。

ヒオドシジュケイはネパール北部、チベット南部、ブータンにかけてのヒマラヤに生息し、中国国家第二級動物でCITES付属書Ⅲに属し、中国名で「紅胸角雉」と言います。ベニジュケイはチベット南部、雲南、四川、陝西、湖北の山岳地帯に生息し、中国国家第二級の動物に属し、中国名で「紅腹角雉」と言います。ベニジュケイはジュケイやヒオドシジュケイに比べ比較的分布も広く、羽数も多いので古くから流通に乗っていたようでした。

これらジュケイ類のオスはいずれも黄褐色から赤褐色の体色に白い斑点があり、喉に伸縮自在な肉垂れと頭に一対のメタリックブルーの角状肉冠を持っています。メスはどの種類もよく似ており、保護色として灰褐色に白い斑点があり目立たない地味な色合いをしています。

江戸時代に渡来

今回はベニジュケイについてお話をしたいと思います。ベニジュケイは江戸時代に清や南蛮

春には派手なディスプレーをするベニジュケイのオス

との貿易で中国から一八二六（文政九）年と一八四四（弘化元）年に渡来しており、当時の『外国珍禽異鳥図』や『唐蘭船持渡鳥獣図』に描かれています。近代に入ってから上野動物園が一九二九（昭和四）年に二羽を輸入しています。天王寺動物園では比較的新しく一九七七（昭和五二）年一一月に上海動物園から親善動物として二ペアを譲り受けています。

合わせてジュケイの渡来を見てみると上野動物園が一九〇四（明治三七）年八月に一羽を、天王寺動物園が一九三七（昭和一二）年七月に三羽を購入しています。ヒオドシジュケイについては両方の動物園とも戦後になって輸入しています。

一対の細長い角

さて、タイトルの京劇俳優・ベニジュケイですが、中国名の「紅腹角雉」に示すように体全体が明るいレンガ色で灰白色の斑点があり、頭に角があります。繁殖シーズンの四月に入るとオスはメスの前で盛んに体を大きく膨らませたり、斜に構えてみたりしますが、興奮が極に達すると頭頂部に隠れている目も覚めんばかりのメタリックブルーの一対の細長い角（羽軸のように肉冠の変化したもの）がやおら立ち上がります。それは日本画で見る「龍」の角のような感じを受けます。

そして喉元に縮んで隠されていた赤と青の肉垂れは首を振るたびにどんどん大きく長く怒張します。それを前から見るとエプロンのようですが、しかしその色は、けばけばしいほどの原色で日本的ではなく、やはり中国的というか京劇の隈取りのようなのです。この肉垂れは伸びたり縮んだり、何かの拍子で一瞬にして見えなくなるので目が離せません。この光景はいつも見られるものでなく、非常にまれにしか見ることができず、天王寺動物園の機関誌『なきごえ』のカラー化第一号の記念の表紙に使われたくらいです。

読者の方も五月中ならまだチャンスがあるかもしれません。一回でも見ることができたらラッキーで、ハッピーなこと請け合いです！

4　キリン・麒麟？

天王寺動物園では、午後の三時過ぎ、あるいは四時過ぎになるとキリンを屋内の寝室に収容して間近に見ていただけるようにしています。キリンが首を伸ばせば届くくらいの距離なので入園者には非常に好評です。日頃見慣れている人でも、近距離で見るキリンにはたいがいの人が「ヒヤー！　ワオ～ッ！　でっかい」と大声を出しています。時には幼い子どもさんがあまりの大きさにビックリして泣くこともあります。

キリン舎は行楽シーズンの土日祝祭日には身動きが取れないほど混み合います。それでもあちらこちらで子ども連れやアベックがビデオを撮ったり、「パシャ！　パシャ！」とカメラのシャッターを押しています。広くて明るくて清潔でキリンの全身が目の前で見えるという施設はちょっと国内では見当たらないように思います。しかし、やはり実物は迫力がありますね！

異常に長い首は進化の産物か疑問

私は時々、このキリン舎に来て、目の前の大きなキリンを見るとつくづく思うのです。今でこそキリンはこのような動物と、小さい時から絵本や図鑑、映像などで予備知識として頭の中にインプットされているから、何ら違和感も感じないのですが、やはりこれは化け物か怪獣だと思うのです。長年、動物園とどうぶつに携わる仕事をしていて、キリンの首が長いのは適応放散だとか、進化だとか言っておりましたが、その変化の過程は誰も知らないし、私自身の十分な学習もできておりません。

確かに七つある首の骨の一つ一つは長いのですが、それが本当に進化の産物と言えるのか疑問なのです。だから見慣れた家畜のウマ、ウシ、ブタやペットのイヌ、ネコが普通の形態で、首の長いキリン、鼻の長いゾウともなれば、異常でやはり怪獣なのです。昔の生物学者は進化して生き残ったというのですが、本来は絶滅すべきこれらが何かの間違いで生き残ったのではないかと私自身は思うのです。

ところで、この「キリン」という名前ですが、これは上野動物園の初代園長で東京帝大教授だった帝室博物館天産部長の石川千代松先生が「Giraffe（ジラフ）」を「麒麟（キリン）」と名付けたことによるものです。

しかし、「麒麟」とは中国の想像上の動物で、形はノロ（シカの仲間）に似て、ウシの尾、ウマの蹄と一つの角を持ち、体から五色の燐光を発し、腹の下は黄色で、獅子、龍、鳳凰などと同格の霊獣としています。すなわち「麒麟・qilin チーリン」とは燐光を発する大きな鹿を意味しています。某ビールメーカーのラベル絵そのものです。

中国では「キリン」のことを「長頚鹿・chang jing lu チャンヂンル」と呼び、漢字表記は

マサイマラのキリンの群れ

そのものずばりという感じです。やはり「麒麟・キリン」ではちょっとジラフの雰囲気が伝わらないように思えるのですが、如何でしょうか？

野生下で座って休む姿を目撃

さて、動物園でガイドをする際に「野生下のキリンは警戒心が強く、たえず外敵からの危険に晒されているため、ウシのように足を折って座って休むことはありません。必ず何頭かは見張りに立ち、いち早く危険を察知して、群れに警戒を呼びかけます」と、まことしやかに説明してきましたが、数年前、ケニアのマサイマラへ行った際、昼間にもかかわらず一八頭ものマサイキリンの半分以上が座って休んでいる姿を見た時、実物も見ずに「エエかげんなことを言っていた」ことに罪深さと恥じらいを感じました。「百聞は一見にしかず」そのものです。

もう一つ興味深いものに、キリンは反芻獣で噛み戻しを行います。屋内展示室のキリンをよく観察していると、噛んでいたエサを飲み込むと、その食塊がエレベーターが下がるようにス～ッと首筋を下がって行くのがわかります。しばらくすると別の食塊が下の方からス～ッと上へ上がって行き、口の中で噛み戻しが始まります。反芻、噛み戻しの説明にはキリンがうってつけのように思いますが、二メートルもの距離を上げたり下げたりするポンプ力もすごいものだと思います。

5　偉大なるライオン・タケオ

非常に印象的で、思い出深いライオンに「タケオ」の存在があります。タケオは、天王寺動物園におけるライオンの飼育の歴史において、飼育年数、雑種作り、子育て、怪我と手術など数々のエピソードを持った輝かしいライオンです。

トラのタマと交配「ライガー」誕生

戦後、世の中の生活が落ち着いてきて、一九五五（昭和三〇）年頃から六五年頃にかけて、全国各地に雨後の竹の子のように動物園・水族館が建設されました。また、それに伴い、珍鳥奇獣も多く集められ、動物の曲芸も戦前の動物園を彷彿させるような雰囲気でした。

また、五九（昭和三四）年一一月に甲子園阪神パークがライオンとヒョウの雑種「レオポン」をつくるや、各園がこぞってまねを始めました。天王寺動物園もご他聞にもれず、雑種作りにチャレンジしたのは言うまでもありません。

ライオンのタケオは七一（昭和四六）年五月に天王寺動物園で生まれ、人工哺育で育ちました。一か月違いでトラのメスの赤ちゃん「タマ」も先に人工哺育されていたので、このオス、メスの赤ちゃんを一緒に飼育展示し、将来の雑種作りの元親にしようと考えました。

四年後の七五年九月九日、待ちに待った「ライガー」が誕生しました。その当時の新聞では「我が国では初めて」「世界ではアメリカ・ソルトレークの動物園などで十数例あるが、一九六四年を最後に新しい報告はなく世界唯一である」と書き、「千獣の王」ともてはやしていました。

国立科学博物館の動物研究部長も、成長すれば研究材料として興味があるとコメントを寄せていました。三頭生まれた「ライガー」はそれぞれ五〇〇～六〇〇グラムのやや未熟児でした。三頭のうち二頭は翌日と翌々日に、最も大きい個体も六日後の九月一五日に死亡してしまいました。途端にマスコミ関係、一般の方々から自然の冒涜、自然界にありえないものを人工的に作る愚行、動物愛護、自然保護が叫ばれる中にあって、単に客寄せや見世物のために珍獣を作るのは自然摂理に反している、と強いお叱りを受けました。

これらの批判を受けて、天王寺動物園ではすぐにタケオとタマを引き離しました。ところで、日本の動物園、水族館を統率する日本動物園水族館協会では当時、阪神パークの「レオポン」の繁殖に関する発表に対して「繁殖賞」を授与しましたが、今から考えれば、受賞そのものが価値あるものだったか疑問のあるところです。当時の動物園界がそのような風潮、雰囲気だったのかもしれません。

偉大なるライオン・タケオの子育て

複雑骨折も乗りこえ長寿を全う

さて、その後タケオはライオンの群れに戻され、仲間とうまく同化して、次々と子どもを作ってファミリー（いわゆるプライド）を形成しました。タケオは私が今まで見たライオンの中で最も風格のあるライオンで、長くて豊かなタテガミは黒褐色で頭から首、肩、背中、腰の近くまで連なっており、余分な脂肪もついておらず美しい体型をしていました。

子育ても非常に上手で、子どもたちがその豊かなタテガミの中にもぐりこんだり、背中によじ登ったり、尻尾の毛房にじゃれ付いたりしても、泰然と優しい眼差しを送るだけで、見ていると非常に微笑ましく和やかな気分にさせてくれました。

七九（昭和五四）年一一月のある日のこと、放飼場で足を引きずりうずくまっているタケオを発見しました。どうやら同居のオスとの闘争で骨折したようで、翌朝一番に麻酔し、X線撮影と手術をすることにしました。

X線撮影の結果、左下腿骨の複雑骨折であることがわかり、狭いライオン舎の中で手術が始まりました。骨に注入するピンも手持ちがなく急遽、工具材料店に飛び込み、五ミリのステンレス丸鋼を買い求め、適当な長さに切ってピニングのピンとして使用しました。破砕した骨片はステンレスワイヤーで繋ぎとめました。途中、麻酔の効きが悪くなり、痛みから「ガオ〜、ガオ〜」と吼えるたびに麻酔を追加し、縫合、ギブスと処置をして終わったのは五時間後でした。初冬だというのに全員が額に汗びっしょりという状態でした。

その後、ギブスが外れたり、縫合の口が開いたりして年末までに都合四回の手術を繰り返し、七か月の安静をとった後、試験放飼を行いました。七か月ぶりのメスグループへの放飼は一抹の不安がありましたが、患部の足を気にすることなく威風堂々とメスの前に歩を進める姿は以前と同様に威厳と風格が感じられました。

タケオはその手術以降、一四年を生き抜き、一九九三（平成五）年二月に老衰のため亡くなりましたが、生存年数二一年八か月は天王寺動物園はもちろんのこと、日本でも有数の長寿のライオンでした。死亡した際に患部の骨の標本を作製したところ、見事にステンレスのピンがなじんで骨折の痕もないくらい完治していました。

当時、執刀した若手の優秀な獣医は現在、園長として頑張っており、その患部の骨も思い出として彼の傍らにあります。

6　イヌとその仲間

三万年前からのお付き合い

イヌは人間が最初に家畜化した動物で、農耕が始まる前だったことが明らかです。イヌの飼育の起源を調べてみると、今までは西ドイツから出土した一万四〇〇〇年前の犬の顎骨の化石が最も古いとされてきましたが、一九八六年、シリア・パルミア近郊のドゥアラ洞窟遺跡で三万年前と思われるイヌの骨が発掘されています。どうやらイヌとヒトは三万年も前からのお付き合いをしているようです。

イヌの祖先はオオカミであることは知られています。そのことは、頭骨の顎の長さ、小臼歯の間隔がイヌはオオカミより寸詰まりで短いことでわかっています。また、イヌとオオカミの間で交配が可能であり、ハイブリットの雑種ができ、その子にも妊性（繁殖の能力）があることからも、イヌの行動パターンの八〇パーセントをオオカミが持っていることからも近縁であることが数量分析で明らかとなっています。

イヌはオオカミの家畜化が進むことによって派生したものであることはわかっていますが、

そのプロセスについては二つの考え方があるようです。一つは、オオカミの子どもを拾ってきて育て、繁殖させて、その仔をまた育て、飼い馴らして農耕や牧畜で定着化した人の生活に依存させたという説です。

もう一つは、オオカミが人の生活や人から与えられる残飯や射止めた獲物の余りものに依存し、また、反対に鋭い聴覚、嗅覚で外敵の近接や侵入を人に知らせ、相互依存を図って家畜化したという説があります。

ところで、昔、狂犬病予防行政の仕事で、港湾地区の埋立地で野犬調査をしたことを思い出しました。仕事上、都会のイヌを見慣れているので、野犬も建物の物陰などに潜んで生活しているのだろうと思っていましたが、埋立地の野犬は土盛りに縦横の巣穴を掘って生活していました。これには、非常に驚かされました。

数年前、ケニアのマサイマラ動物保護区へ行った時に、セグロジャッカルがサバンナのアリ塚を巣穴として利用したり、草原の盛り上がったところに穴をうがって家族で生活しているのを見ました。この時、ジャッカルもイヌも同じイヌ科動物であるという共通点をあらためて再認識しました。

野生犬ディンゴと我が家のボーダーコリー

世界にはイヌ科イヌ属イヌ亜属に属する野生イヌの仲間に、タイリクオオカミ、アメリカア

タロンガ動物園のディンゴ

カオオカミ、ディンゴなどがいます。

ディンゴは、羊を襲う獰猛な野生犬として知られています。その発祥は、オーストラリアの先住民であるアボリジニーの祖先が二万年前にアジアから島伝いに家畜イヌと渡ってきて、それが完全に野生化したものと言われています。しかし、最近の化石の炭素分析による年代測定の結果から、三四五〇年前ぐらいではないかとも言われています。

また、食糧としてアジアからの航海者がオーストラリアに持ち込んだのではないかという説も。さらには、二〇〇〇万年前の有袋類の化石と一緒にディンゴの古い化石も出土。まだまだ未確認の報告が多く結論が出ていないようです。

数年前、オーストラリアの数か所の動物園で噂のディンゴを見ましたが、期待とは裏腹にオオカミほどの精悍さなどもなく、茶色の野犬程度にしか映りませんでした。

　最後に、羊を守る誇り高き牧羊犬として知られている「ボーダーコリー」。我が家の愛犬「モモ」の話です。生後三〇日目に購入し、以来、家内がこまめに散歩、給餌、ブラッシングなどの世話をしています。しかし、早くに母犬から離されたため、親や兄弟との共同生活を十分送っておらず、ルールやマナーなどのトレーニングを受けていないため、イヌとして刷り込みができていません。

　そのため、他のイヌに対しての吼えかけ、近接対向する自転車に対して居丈高になることがあります。また、私が家内にちょっとチョッカイを出そうものなら、猛然と私に抗議します。乳幼仔期にイヌとしての刷り込みが、如何に大事かわかります。

　イヌもヒトと同様で、〝乳幼児期に母親のかける愛情〟や〝群れの中で身につける社会性〟が如何に重要であるかを認識しました。

7　ハリモグラって?

地球は、二億年前までパンゲアと言う一つの超大陸でした。その後、一億八〇〇〇万年前にローラシアとゴンドワナと言う二つの大陸に分かれ、一億三五〇〇万年前にゴンドワナからオーストラリア大陸と南極大陸が一緒になって分離。六五〇〇万年前にオーストラリア大陸が南極大陸と分かれ、四〇〇〇万年前にオーストラリアが完全に一つの大陸となりました。

卵を産んでお乳で育てる

オーストラリアは豊富な動物相を形成し、コアラ、ウォンバット、タスマニアデビル、カンガルーなど固有の有袋類が生存しています。その先祖は、五〇〇〇万年前に移り住んで来た雑食性の強い樹上生活をする動物で、熱帯雨林から砂漠、温帯林までさまざまな生息環境や食性に適応進化してきました。

単孔目（鳥類や爬虫類と同じように総排泄腔が一つ）には、カモノハシ、ハリモグラの二種がいます。単孔目は、哺乳動物なのに卵を産んで、お乳で育てるという変わった特性を持っています。このうちハリモグラをご紹介します。

タロンガ動物園のハリモグラ

　ハリモグラは体の大きさが三五～五〇センチで、全身が五～六センチの長さの黄と黒の斑の棘で被われていて、口は五センチほどで筒状にとがっています。口はあまり開かず、長い舌を出し入れして、アリやシロアリを舐め採ります。臆病で危険を察知するとすぐに土の中に潜りこんだり、天敵に遭遇すると棘を外側にして体を丸く構えることで知られています。

　ハリモグラのメスは、性成熟すると年一回の繁殖期に交尾後、粘液でぬれたセキセイインコ大の卵を生みます。生むときには体を丸めて排泄腔から孵卵嚢に卵が入りやすい姿勢をとります。孵卵嚢に入った卵は一〇日前後で孵り、胎仔は孵卵嚢にある房状の乳腺から滲み出たお乳を吸って大きくなります。二か月間お乳で育てられ、ようやく袋から出てきます。この生理機能はカンガルーやコアラとよく似ています。

哺乳類と鳥類と爬虫類の中間

しかし、袋があるからといって有袋目のカンガルーの仲間ではない。アリを食べるからといって貧歯目のアリクイや有鱗目のセンザンコウの仲間ではない。また、土の中に素早く潜るからといって食虫目のモグラの仲間でもない。卵を産む変わった哺乳類で、哺乳類と鳥類と爬虫類との中間的な存在の原始的哺乳類といえそうです。

天王寺動物園には、一九八三（昭和五八）年一〇月五日に大阪商工会議所と姉妹都市メルボルンのビクトリア製造業会議所との姉妹会議所提携を記念して、ハリモグラが贈られてきました。当時の新聞スクラップを見てみると両者の会頭、メルボルン市長、大阪総領事、大阪市長などが贈呈式に参列しています。それから二二年、残念ながらメスは死亡してしまいましたが、オスは今も健在で元気にしています。

二〇〇五年一一月に観光を兼ねて、オーストラリアの動物園へカモノハシを見ようと出かけましたが、お目当てのカモノハシは満足するほども見られませんでした。もちろん写真も撮れませんでした。しかし、シドニーのタロンガ動物園では、ハリモグラが屋外放飼場で昼間でも十分見せてくれました。

昼すぎの二時頃のフィーディングタイム（給餌）には、四～五頭が丸いエサ筒に頭をすっぽり突っ込んで、旺盛な食欲を見せてくれました。残念ながら餌の内容はわかりませんでしたが、野生でのエサはアリやシロアリです。天王寺動物園では馬肉ミンチにイヌの人工哺育用の粉乳を混ぜたものを与えています。

地味ながらキャラクターとして人気

ハリモグラは生態が詳しくわかっていませんが、結構長生きする動物と言われ、フィラデルフィア動物園では、四九年も飼育されたという記録が残されています。

現在、飼育歴二十三年余の当園のハリモグラも長寿記録を伸ばしていくと思いますが、地味であまり目立ちません。また、ほとんど動かないので夜行性動物舎の中でもあまり人目を引かないようです。しかし、背中を針で覆われたユニークな姿は、キャラクター化しやすいようで、子ども向けのさまざまなアニメやゲームのキャラクターとして人気を博しているようです。

オーストラリアには未発達で原始的な動物が多いのですが、このハリモグラやカモノハシをはじめ、コアラ、タスマニアデビルなどユニークな姿と不思議な生態の動物がいっぱいです。しかしオーストラリアもご他聞にもれず、環境破壊や交通事故、動物の感染症、外来動物の影響で徐々に在来動物が棲みにくくなってきているようです。上手に共存していかないと急速に絶滅の方向に進むとも限りません。何しろ一九〇〇年代の七五年間で七五種の希少動物が、過去を遡る三〇〇〇年間に絶滅した動物の種より早く滅んでしまっているのですから……。

第2章　繁殖と治療

8　ブタオザルのマサアキ

天王寺動物園のサル舎にマカカ属のブタオザルがいます。英名でPig-tailed macaqueといい、学名をMacaca nemestrinaといいます。マカカ属というのはオナガザル科の一部を占めるグループで、ほかにヒヒ属とかコロブス属とかラングール属など一四属があります。

ブタオザルにはミャンマーの北部に分布する北方型とミャンマー南部からタイ、マレーシア、インドネシアに分布する南方型があり、天王寺動物園のブタオザルは北方型と思われます。ブタオザルの名前の由来は尻尾の毛が短く、ブタのような尻尾をしているのでこの名前が付きました。

遺失物の扱いで天王寺動物園に

天王寺動物園のブタオザルのオスは「マサアキ」という名前ですが、一九八五年九月に警察が遺失物として保護したものを天王寺動物園が引き取ったものです。引き取った当初はまだ子どもで人馴れしていることから人工哺育で育ったようでした。何でも興味を持ち、素直な良い性格をしていましたので、飼育係は将来、群れと同化させファミリーを形成するためには動物間のコミュニケーションが必要と考え、グルーミング（毛づくろい）を教えました。

ブタオザルのマサアキ

まず飼育係の頭の毛をつくろうことを教え、次に仔猫を相手にグルーミングやマウンティング（交尾行動）等を教えていきました。バスタブの中で潜水することもついでに教えました。冗談で水中に五円玉を放り込んでやると喜々として潜って採ってきます。

マカカ属のサルが水に潜るのは、京都大学の宮崎県幸島で餌付けたニホンザルの行動で見られますし、長野県の地獄谷温泉では温泉に入るサルが有名です。天王寺動物園のサル島の若ザルたちは、夏場にプールめがけてダイビングや潜水を行います。

調教することで水を恐れず潜水

動物園創生期に動物を見世物とした忌まわしい時代なら、ブタオザルの潜水は十分に余興として入園客を喜ばせたでしょうが、現在の動物の福祉と権利を推進する動物愛護の時代ではそのようなことは認められません。私共も調教によってブタオザルが水を恐れず潜水するということを確認できただけで十分な成果だと思っています。

マサアキにサルのコミュニケーションを教えた甲斐あって、二年後に若メスと同居させると、相性も良く理想的なファミリーを形成し、子どもをどんどん作りました。現在は四頭の父親として家族を束ねています。飼育期間も二〇年を迎え、ぼちぼち老境にさしかかり、落ちついた風格を備えています。

さて、マカカ属のなかでもニホンザルやブタオザルは賢く、アカゲザルやカニクイザル、ムーアモンキーなども昔から曲芸によく使われました。日本では山口県光市の村崎太郎が率いる「周防猿回しの会」が有名ですが、南タイやマレーシア、スマトラではブタオザルのヤシの実採取が有名です。例えば南タイのスラータニでは「ココヤシの実採取訓練センター」があり、授業料（三万バーツ・日本円で約九万円）を取って、ブタオザルを八か月近く預かってヤシの実採取の訓練を行っています。

ブタオザル使いヤシの実を採る

熱帯、亜熱帯地方ではヤシの実は重要な収入源で、低いヤシであれば木に登ったり、長い竿の先に鎌をつけて切り落としたりできますが、高い木の場合には危険を伴うため、登ることができず、落ちてくるのを自然に任せるしかないため、ブタオザルを使ってヤシの実を採るところもあります。

その訓練方法ですが、一～二歳のブタオザルを訓練士に預け、まず、木箱の枠にヤシの実を串刺しにしたものを用意し、手足でこれを回転させることから始めます。次に棒の端に結わえたヤシの実を回転させてねじ切る訓練。さらに房状に複数に結わえた実を回転させてねじ切る訓練をします。最終的には木に登って実を落とす訓練をして技術を完成させます。

上手なブタオザルですと一日に千個のヤシの実を落とせるようになるそうです。このほか最近では、ヤシの実ではなく高木の樹冠の植物採集に訓練されたブタオザルもいるそうです。

9　ホッキョクグマの出産

忠実な生息地再現は夏のツンドラ風景

最近、北海道の旭山動物園が人気を集めています。展示がとても面白く道内はもちろんのこと本州からも観光客が詰め掛け、なかなかの盛況です。

特徴的なのはホッキョクグマの水中遊泳、ペンギンの水中トンネル、アザラシの水中パイプ、オランウータンの空中散歩などで、特に動物の活発な行動を見せようというものです。二〇〇五年の冬はこれらを見るために厳寒のなか開園前から入園者が並び、おかげで年度末を待たずに一五〇万人を超えたそうです。今、日本中で最も活気づいている動物園です。

ガラス越しにホッキョクグマの水中遊泳を見せるという展示は、二〇年ほど前に海外の動物園で行われており、給餌時間を設けてホッキョクグマがダイビングをしてエサの魚や肉を食べるというシーンは迫力があって好評を博していました。日本の動物園でも十数年前からこの展示を取り入れている動物園が増加しています。

天王寺動物園のホッキョクグマ舎は上野動物園と共に歴史のあるもので、一九三三（昭和

ホッキョクグマのユキスケ

八）年に建設し、一時は四頭のホッキョクグマが展示され画期的なものでした。当時のホッキョクグマのイメージは氷山や雪原にいるものとして白い氷山に見立てたコンクリートの岩山が、その後、どこの動物園でも定番となっていました。しかし、忠実にホッキョクグマの生息地を再現したのはアメリカ西海岸のシアトル近郊タコマのポイントデファイアンス動物園で、夏のツンドラの風景を見事に作り出しています。針葉樹と岩山、這い松と地被類、そこにたたずむホッキョクグマは北極圏の氷山のシロクマというイメージとは丸っきり違っていて、非常に衝撃を受けたことを覚えています。

寝室を密閉して出産に成功

さて、ホッキョクグマの繁殖ですが、日本では今までに六園、一八頭の成育報告しかありません（二〇〇二年十二月三十一日現在）。天王寺動物園では一九八六（昭和六一）年以来八回の繁殖があり、八七年より四頭の成育に成功しています。

かつて、繁殖は難しいものというイメージがあり、本州では繁殖成育例が皆無でしたが、天王寺動物園では何とか繁殖させようと、繁殖例のあるアメリカのタルサ動物園の情報も入手しました。そして毎年、春の交尾を確認して一一月の初めにはメスを寝室に閉じ込め、真っ暗にしてエサも断ちました。出産が確認されるまでは飼育係も寝室には近づきませんでした。

これはツキノワグマやヒグマ、ホッキョクグマが出産シーズンには木の洞、岩穴、雪洞にこもり、絶食状態で仔を出産し、二か月ほどをその穴で子育てをするということに基づいています。出産確認のため、当初は小型の暗視野カメラを設置しましたが、湿気でカメラがカビで覆われて役をなさず、結局はマイクロホンを寝室に設置し、別の部屋でスピーカーから流れる音だけを頼りに監視を行いました。毎日毎日耳をそばだて、聞き耳を立てるのですが、サルやノラネコの紛らわしい鳴き声で一喜一憂したり、電車の音、高速道路の車の音でいらだったりして、出産の瞬間を待ちます。

赤ちゃんの鳴き声はネコにそっくりで、「ニャー、ニャー」とか「ギャー、ギャー」という感じです。マイクロホン監視は非常に原始的ですが、安上がりで確実な観察法です。

今までの例から出産は一一月の中下旬に集中しています。出産後初めて飼育係が寝室に近づくのは二か月後の一月中旬と決めています。その時にチャンスがあれば赤ちゃんが視認できます。

しかし、入園者にお目見えできるのは体がしっかりして、ある程度親と同じエサが食べられる、生後一〇〇日を過ぎた頃になってからです。

甲斐甲斐しい子育て

一般にホッキョクグマの赤ちゃんは足腰がしっかりしたら泳げるものと思われがちですが、初めはプールに近づくことさえ怖がり、プールに誤って落ちても最初は泳げずに溺れてもがいていますが、母親がくわえて助けあげたり、慣れてくるとプールに誘い込んで泳ぎ方を教えます。

ちなみに生まれたばかりの赤ちゃんは四〇〇～五〇〇グラム程度で、毛もまばらに生えておりピンク色の肌をしています。目は開いておらず見えませんが、一か月もすると見えてきます。母親の乳房は腹の前部（胸のやや下）に二列平行で計四つあります。赤ちゃんの体格が小さい時は下の乳房を吸っていますが、大きくなると前の方の乳房を利用します。まるで背丈に合わせたように乳房の張りが移動するように見えます。

飼育係が初めて寝室に入って確認した時に赤ちゃんが見事なくらい真っ白ですが、母親がふんを舐め取ったり、毛づくろいや清潔保持のために絶えず舐めるので真っ白になるのでしょう。

10　フタコブラクダの赤ちゃん

二〇〇五年四月一日に二四年ぶりにフタコブラクダの赤ちゃんが生まれました。

その朝、園内を歩いていた九時三〇分ごろ、普段とは違うラクダの大きな鳴き声がするのでおかしいなぁと思っていたところ、一〇時過ぎになって動物園の職員が「ラクダの赤ちゃんが生まれたよ！」と教えてくれました。ちょうど私が園内で聞いたラクダの鳴き声がどうやら破水か、強い陣痛の「いきみ」だったのかも知れません。

二四年前のモモコは人工哺育

久しぶりのラクダの繁殖が二四年ぶりとは意外で、その当時の資料を探してみました。

「一九八一（昭和五六）年三月五日午前七時四五分、数日降り続いた雨でぬかるんだ放飼場にフタコブラクダの赤ちゃんが産み落とされているのが発見されました。母親は四歳のミルで初産のためか子どもに興味を示さず、育児放棄をしたため、赤ちゃんは泥まみれのままで呼吸も非常に弱々しく、体温も低いと考えられたので、急遽、人工哺育をすることにしました」と飼育記録や新聞記事がありました。

桜の下に並ぶラクダの親子

人工哺育の目的は「母体が虚弱か、もしくは死亡して子育てが出来ない」、「お乳が十分出ない」、「育児放棄をしている」、「馴致・調教してショーやサービスに供する」などが考えられますが、その時は「育児放棄」という判断でその日から人工哺育に切り替えました。

子育てに大事なことは、出産後に赤ちゃんが母親から初乳を飲んで、親から受け継ぐ免疫を獲得することですが、人工哺育の場合、母親からの初乳など望むべくも無いので府下の酪農団地を当たって、出産直後の牛から初乳を入手することにしました。この時の赤ちゃんは「モモコ」と名付けられ、ちょうど時期が春休みだったので、担当の飼育係や獣医師はもちろんですが、実習中の獣医学生や動物大好きの高校生も哺育の手伝いをしました。

母親の気合で翌日には無事起立

さて、今回、四月一日に生まれた「ジャック」と「コニー」との赤ちゃんは順調に育つのでしょうか? 出産当日はなかなか起立できず、母親がそれを促すために足で踏んづけたり、蹴ったりして「気合」を入れていましたが、その度に痛いのか、「キュルル～」「キュルル～」と鳴き、それでもなかなか立たないので非常に気を揉みました。そのうえ夕方にはカラスが付近に集まってきましたので、立たなかったら突つかれるのではないかと心配していました。翌朝、見に行くと、しっかりと立って一生懸命お乳を飲んでいたので一安心しました。

久しぶりのラクダの出産は翌日、翌々日の新聞に取り上げられ、春休み中のこともあって、大勢の子どもさんが来てくれましたし、常連の動物園愛好家の方も詰め掛けてくれ、自称シルバーガイドのおっちゃんたちは、「明日からまたお客さんを案内するのが楽しみや!」と言っていました。

開閉自在な鼻の穴は進化のたまもの？

さて、ラクダというとその奇妙な姿に結構、人気が高いのですが、大きな二つのこぶ、長いまつげ、開閉自在の鼻の穴、平べったい大きな足、毛むくじゃらの耳の穴、どれ一つとっても乾燥した砂漠や山岳の生活に適応しています。二つの大きなこぶは脂肪の塊でエネルギーの源となり、また、直射日光の熱を遮断し、寒冷を防ぐ働きがあります。高齢になったり、栄養不良や病気になるとこぶが痩せ、まっすぐに立たず横に倒れます。長いまつげと毛むくじゃらの耳の穴、そして開閉自在な鼻の穴は砂嵐や寒風を防ぐ役目があります。大きな広い足は砂漠の砂地に足を取られるのを防ぎます。

ところで哺乳類で鼻の穴を開閉できるのはカバ、ラクダのほか、アシカ、アザラシなどの海獣類、クジラ、ラッコ、カワウソなどで、これらは陸上生活していたものが進化の途中で「陸にいるより水中の方が快適である」、「エサを取りやすい」、「体重を支えやすい」、「外敵との競合を避け、棲み分けをした」などで、水中生活をするようになりました。

こういうことから考えると、ラクダも本来なら水の中へ入るところを、進化の途中で砂の海に取り残されたのかもしれませんね！

11　カバの病気治療

カバのことをアフリカの言語、スワヒリ語でＫＩＢＯＫＯ（キボコ）って言います。キボコの「キ」は動物のこと、「ボコ」は鞭のことを意味します。家畜を追い立てる鞭にカバの皮が使われていたので、その名が付きました。英語ではHippopotamus（ヒポポタマス）と言い、「ヒッポ」はウマ、「ポタマス」は川を意味します。中国語では河馬をhema（へーマ）と言います。日本語でも河馬と書きますので、中国から名前が伝わったものと思われます。

河の馬とはよく言ったもので、ケニアのマラ川で見たカバの四〇～五〇頭の群れは日がな一日、川の中に入っており、一度も陸上でお目にかかったことはありません。横にナイルワニがいようが、数千頭のヌーが川渡りをしていようが、いっこうにお構いなしで我れ関せずの風情でした。

しかし、夜間には陸に上がるようです。川原や土手にはカバの足跡や斜面を滑った跡や、草原では殺されたカバの頭骨や散らばった骨格があったのが印象的でした。

ナツコとアフリカ原産の淡水魚ティラピア・ニロチカ

漢方で回復したナツコの足

さて、天王寺動物園のカバの病気について思い出深いものを紹介します。一九九八（平成一〇）年一月頃、メスのナツコの右後ろ足の具合が悪くなりました。大きな体重のある動物にとって足の具合が悪いのは命取りになりかねません。初めのうちは消炎酵素剤や抗生剤、ステロイド剤などを投与していましたが、三か月たってもなかなか良くならず、そのうち一人の獣医師が中国漢方に造詣が深いこともあって、一度漢方薬を使ってみようということになりました。

いろいろな処方を考え、一つのものを作り出しました。担当の飼育係にはすぐには効果が出るものでもないので、長い目で見てくださいということで治療が再開されました。漢方薬をエサに混ぜ込むと、臭いや食感の違いで、エサを食べなくなることがあるので、危惧していましたが、食欲も減退することなく、エサを食べてくれました。そして数か月後には足の不具合も解消されました。

この時つくづく思ったのは、動物の症状にあわせて先端の技術や新薬で短期間に治せるものもあれば、全く歯が立たず効果を見ないものもあります。思いも掛けず漢方薬の服用によって効果の出るものもあり、いろいろ試行錯誤や研究が必要であることがわかりました。

フトシには銃で薬剤を注入

もう一つ、今は亡くなっていないフトシの例を紹介しましょう。一九八三（昭和五八）年の九月頃から、左の後ろ足に大きな腫瘍状のものが見つかり歩きづらそうにしていました。早速、経口投与による薬剤の投与を行っていましたが、三か月たっても良くならず、そのうち元気も食欲もなくなり、口も開いてくれなくなりました。

また、寝室にいるよりも水中の方が体も楽なので、屋内のプールに入ったきりで、ますます治療がやりにくくなり、治療の方法も銃による薬剤の注入しか残されていませんでした。

病気とは言えどフトシの体重は二トン以上もあり、正面からは危険性もあるので、背後からエアライフルの麻酔銃で毎日のように抗生剤やステロイド剤、栄養剤を注射しました。カバの皮膚の厚さや注入量を考え、最も長い二・五インチ（六・三三センチ）の針と一四センチの注射筒を用いましたが、この注射筒はアルミニウムでできており非常に高価で、確か一本三～四〇〇〇円していたと思いますが、余分な本数もなく長期にわたって治療することから、毎日回収しなければなりません。

そこで注射筒の針にナイロンテグスを結びつけ、銃に装填してカバに突き刺さって注入が完了すれば、思い切り引っ張って回収する方法を取りました。刺さった注射筒を引っ張る時はテグスが張っているので、針が抜けると同時に自分にめがけて注射筒が跳ね返ってくるという恐ろしい経験をしました。

五センチもあった皮膚の厚さ

また、角度が悪いと刺さらず弾んでとんでもない所に飛んで行ったり、水中にポチャ！とはまったりと、人にはいえない苦労がありました。

残念ながら治療の甲斐なくフトシは亡くなりましたが、解剖の際に皮膚の厚さを計ってみると、薄いと思っておもに注射した首筋でも五センチ以上あり、お尻などは六センチ以上もありました。また、皮膚から筋層までの間に三〜五センチの脂肪層があるので、二・五インチの針で薬剤が皮下や筋層に十分入ったかは疑問です。

カバは上手に飼えば四〇〜五〇年近く生きますので、住環境を快適にしてやって、手荒な治療をせず天寿を全うさせてやれたらどれだけ幸せかと思います。

12　モモイロペリカンの昔話

籠ぬけ

モモイロペリカンというと十数年前になるでしょうか、山口県宇部市にある常盤遊園の「カッタ君」が近くの幼稚園まで飛んで行き、園児たちと仲良しになり、チョイチョイ公園を抜け出しては園児たちと遊ぶというニュースが全国版となり（先ごろの千葉のレッサーパンダ風太と同じようなもの）、一躍有名となってお茶の間を沸かせました。

その後、噂を聞きませんが、カッタ君の二世代三世代が次々繁殖し、現在は三〇羽ほどになっているとか。常盤遊園ではペリカンのコレクションが特徴で、モモイロペリカンのほかハイイロペリカン、フィリピンペリカン、コシベニペリカンの四種類を飼育しています。

カッタ君以降、二～三世代のペリカンがカッタ君と同じように公園を抜け出しては外遊びをしたものでしたが、一九九七年にはついにカッタ君の子どもの「ペリーナ」、「ウエンディ」、「パトナム」など五羽が花火の音に驚いて集団脱走し、福岡、和歌山、富山、秋田、青森、北海道と日本各地で確認されたものの、未だに帰ってこないとか……。今でいう外来（帰化）動

賢く器用なモモイロペリカン

物になってしまったのかもしれません。これは私たちが専門的にいう「籠ぬけ」と称するもので、あまり自慢げに言うものでもありません。

これに良く似た話が、九二年一二月に鹿児島県出水市荒崎のツルの越冬地に行った時に、アフリカに生息するカンムリヅルが紛れ込んでいたのには驚きました。これなどは中国で籠ぬけして渡ってきたのか、日本国内で籠ぬけしたものかはわかりません。

異種間でペア形成

さて、天王寺動物園では今から二十数年前にバードケージ（水禽放養舎）で、道ならぬ恋に陥った鳥がいました。恥ずかしいというか、滑稽というか、哀れというか……。

モモイロペリカンのメスとインドトキコウのオスがペアを形成し、巣作りから産卵、抱卵までしてしまったのです。それが一回だけでなく、毎年繰り返しました。普通、動物のペア形成というと同じ種類で形成されるものがほとんどですが、ちょっと間違うと異種間というか、目が同じでも属や種が違うのに配偶関係を結ぶものが度々見受けられます。

天王寺動物園でも何例かありましたが、そのほとんどが鳥類です。例えば、ヨーロッパフラミンゴとチリーフラミンゴ、クロトキとアフリカヘラサギ、ケープペンギンとフンボルトペンギン、哺乳類でトカラウマとシマウマの「ホーブラ」、ライオンとトラの「ライガー」、オオカンガルー（ハイイロカンガルー）とクロカンガルーなどです。本来、野生ではめったに起こりえないことが動物園で起こってしまうのは、閉鎖された空間であるとか、選択する配偶子が少ないなどが原因のように思われます。

残念なことに、これらの間に生まれた子どもを放置しておくと性成熟した時に、また、同じことが起こってしまいます。動物園の教育性から自然界にありえないものを展示するわけにもいきませんので、やむなくこれらの雑種を淘汰しています。そのため、今後はこれらの交雑種を作らないためにペア形成が見られたら、それらの種を他園に譲渡したり、繁殖期だけ分けたりしています。

それにしても一〇キロ近くもあるモモイロペリカンが二メートル近い翼を拡げ、〝バッサ〟〝バッサ〟と飛ぶ姿は雄大です。七～八メートル上の巣台に体を持ち上げ、インドトキコウのオスと巣作りや、羽づくろいに専念する姿には、入園客も「すご～い！」といって目を丸くしていました。このメスのモモイロペリカンは今も健在で、三九年余り、天王寺動物園で生活をしています。

アフリカで見たコロニー

ところで、アフリカ・ケニアのナクル湖でモモイロペリカンのコロニーを見ましたが、コフラミンゴと湖面に浮かんでいたり、フラミンゴのコロニーの上を一羽だけで飛んでいたり、三〇～四〇羽のペリカンの群れが鳥柱を作って飛翔旋回していたりと多彩な姿を見せてくれました。

また、一度だけ湖面で十数羽が寄り集まって、不正形な円を描いて漁をしているのを車の中から垣間見ました。ペリカンの漁と言えば、飛翔中に獲物を見つけ空からダイビングするのはカッショクペリカンだけで、そのほかのペリカンは嘴の下の喉袋を膨らませて魚をすくい採ります。ナクル湖で見たモモイロペリカンは輪になって魚を囲い込み、その輪を徐々に狭めていっていっせいにすくい採っていました。動物百科の図鑑どおりの行動が見られたので感激でした。

13　クロオオカミの不思議

生物学の教科書

かつて、天王寺動物園では、オオカミのコレクションを誇っていた時代がありました。シンリンオオカミ、シベリアオオカミ、クロオオカミ、チョウセンオオカミ、ヨーロッパオオカミ、そして近縁のコヨーテなどで、七室あった展示室のうち六室までもオオカミの仲間が展示されていました。

特にマニアや研究家には好評だったようで、ニホンオオカミ研究家や犬の研究家がたえず観察にきたり、オオカミの頭骨を見せてほしいとよく来園していましたので、それなりの価値があったように思います。

また、北方に棲むシベリアオオカミからやや南方に棲むチョウセンオオカミまで、同じ種類の動物を集めていたので、地域により体格や毛色の違いがわかるので教育的な効果もありました。

これらは生物学でいう「ベルクマンの法則」（同じ種類で緯度の高い寒冷地に棲むものは緯度の

親が育てたクロオオカミの仔は当然真っ黒

低いところに棲むものより体重が重く、体格が大きい）や、「アレンの法則」（同じ種類で緯度の高い寒冷地に棲むものは緯度の低い暖かいところに棲むものより鼻、耳、尾などが小さい）などを証明するもので、私たちも教育指導でオオカミを素材にいろいろな解説を行いました。また、系統分類学展示としても興味の引くところでもありました。

自然哺育と人工哺育であらわれた変化

さて、上海との友好交流事業として一九八一年に来園したチュウゴクオオカミの「黒変種」であるクロオオカミのペア、オスの「平平（ピンピン）」とメスの「義義（イーイー）」に、八三年二月に初めて赤ちゃんが誕生しました。初めは何頭生まれたのかわからず、というのも暗い寝室に親子とも黒い色をしているので、さっぱりわからず、懐中電灯で照らしてやっと八頭の数を確認し、あまりの多さにビックリしました。

通常、ペットの犬では四～五頭というのが普通ですが、乳首の数まで生んだものですから、乳汁の出の悪い乳首に当たったものは、「食い負け」で衰弱死するものが出るだろうということで、翌日に半分の四頭を人工哺育することにしました。人工哺育に切り替えたのは、赤ちゃんの泣き声が止まず、お腹をすかしていて、十分にお乳を貰っていないということが明らかだったからです。

この日から担当の飼育係は一週間ほど泊り込み、最初のうちは一日に七～八回哺乳していたので、夜中にも哺乳ということもありました。四頭の仔は生まれた時は四〇〇グラム程度でしたが、スクスク育ち、一か月目には四倍近くの一五〇〇グラムになったので、ミルク入りのミンチ肉を与え、離乳に取り掛かりました。

この頃になって子どもの異変に気が付きました。人工哺育している四頭の毛色が、生まれた時は真っ黒だったのにだんだん色が浅くなり、黒褐色から普通の茶褐色に変色してしまいました。それに反して自然哺育していた残りの四頭の毛色は真っ黒のままです。また、体重が四キロを超えた生後六〇日前後に人工哺育の個体二頭と自然哺育の個体一頭が相次いで骨折し、もう一頭に眼の障害が見られ、白内障と診断されました。

いずれの個体も手術により回復しましたが、未だにわからないのは毛色の変化です。親に付けた個体は変わることなく親と同じ真っ黒い毛色ですが、これは初乳からずっと母乳で育っており、人工哺育の個体は出産当日にわずか数ccという量しか母親の初乳を飲んでいません。

毛色等の形質と母乳の中の因子

これはあくまで推測ですが、母乳の中に毛色等の形質を伝える因子が含まれるのではないか、何故なら、どんな動物でも生後しばらくは初乳を含む母乳を飲ませないと下痢をしたり、風邪を引いたり、感染症にかかる確率が高いと言います。こういうことから毛色の形質が親から仔に母乳を介して伝わるのではないかと考えるのです。

また、骨折が多いのも人工栄養は栄養価が高く、すぐに大きくなるのですが、体重や体格が成長するスピードに骨の形成や強い筋肉がついていかないのではないか。また、これ以外に微妙にビタミンやミネラルが不足しているのではないかとも考えられます。

最後に、ちょっと興味のある別の話に移ります。いくら人工哺育したオオカミと言えど、接する時はいつもと同じ臭いをつけ、いつもと同じ服装でないと鼻筋にしわを寄せ、「ウ～ッ」とうなって攻撃の構えを見せ、危険を感じると担当者が言っていました。東ヨーロッパで、オオカミをたくさん飼っているオーナーもテレビで同様のことを言っていたのを思い出しました。

オオカミは人工哺育といえど、やはり野生の本能は無くならないものですね！

14　オランウータンのサブ

密輸摘発で保護された母親の子

天王寺動物園には三頭のオランウータンがいます。常時、屋外のケージで展示しているのは「サブ」とサブのお母さんの「サツキ」で、「モモコ」は屋内展示室で展示しています。モモコはサブのお嫁さんとして一九九一年一〇月に宮崎市のフェニックス動物園からブリーディングローン（繁殖を目的にした貸借契約）でやってきました。入園した時は五歳でサブも同い年だったので、性成熟するまでしばらく様子を見るということで別々に飼われていました。サブはサツキの二番目の子として八六年四月に生まれましたが、大変なエピソードがあります。

お母さんのサツキは七二年六月に三重県四日市港で密輸によって摘発されました。当時推定一歳余りですぐに天王寺動物園に保護され、以来、三十数年飼育されています。サブはサツキとブル（二〇〇四年に死亡）の二番目の子で、サツキの一番目の子はサツキ自身に妊娠や分娩の自覚というか、学習がなく、そのため初めての子が生まれた時は陰部から異物が出てきたかのようで、気が動転し、子どもをぶら下げたまま興奮状態で右往左往。最後には子どもをぶん投げて殺してしまいました。そんなこともあって二番目のサブが生まれた時は上手に育てるだろうかとたいへん心配しました。

サブが生まれた時はサツキは比較的落ち着いていましたが、残念なことにいつまでたってもサブを上手に抱きませんし、お乳もやっていないようでした。産婦人科の先生にアドバイスをいただくと新生児の場合、放置される限界が七二時間とわかり、やきもきしていましたが、五〇時間経ってサツキからサブを取り上げることにしました。それはサブに脱水症状が見られだしたこと、乳房の定位置に抱いていないこと、母乳が出ていないようだということから、将来のいろいろな弊害は予想されますが、生命を尊重するという視点から、取り上げて人工哺育することにしました。

それから飼育係の数年にわたる労苦が始まったことは言うまでもありません。たぶん、私もそうですが飼育係、獣医の仕事は動物園の動物が中心となるため、土日祝祭日、盆正月もありません。従って、家庭のことは女房任せ、子どもの養育、授業参観、運動会もあったもんじゃありません。それがひとたび自分の担当動物となれば、動物園で徹夜の勤務、宿直、調乳から哺乳、おしめ替え、入浴など、家ではまずあまりやったことのないことまでやってしまうのです。本当に大変です。

さて、生後六か月が経ってしっかりしてきた頃にサンルームをこしらえ、一般公開することになりました。この時期がサブの一番人気のある時期でした。芝生での日光浴、木登り、園内散歩など、大変な人気でした。しかし、生後一年目ぐらいから原因不明のしつこい下痢に悩まされ、あらゆる治療と食事療法を行いましたが治りません。難治性下痢症と診断されましたが、

4か月令のサブ

幼児の自家中毒だったのか、あるいは意外と現代病の一つであるストレスからくる過敏性大腸炎症候群だったのかもしれません。

その頃はこのような名前は無かったのですが、知能の高い動物だけに二四時間を通じて十分なスキンシップが取れていない、衆人の眼差しの的となっている、ヒトの二～三歳児に当たる自我形成や精神的成長の過渡期に当たっているなどが過敏な下痢症を起こしたのかもしれません。この難治性下痢症はあらゆる治療の試行錯誤のうえ、漢方生薬と止瀉薬を用いることで約三か月後に完治します。

交尾ができない人工哺育の弊害

その後はすこぶる元気で現在に至るのですが、五歳を迎える頃にモモコを迎え、性成熟を迎えた頃から同居を始めました。サブも二〇歳を過ぎましたが、いまだにモモコに受胎の知らせはありません。人工哺育の弊害として交尾ができない、交尾に至るまでのプロセスが不足している、と霊長類学者は言いますが、そのとおりとなっているようです。

サブが生まれた時に父親のブルは二〇歳で、母親のサツキは一四歳でした。サブもモモコも年齢的には問題がないので、何とか自然に交尾をし、子どもを産んでくれないものかと本当の親のように気をもみます。

15　ダチョウの人工孵化

ダチョウの日本への渡来は比較的新しく、一八八六（明治一九）年にイタリアの曲馬団チャリネが見世物として持ち込んでいます。動物園としては上野動物園が一九〇二（明治三五）年に初めて輸入しています。『舶来鳥獣図誌』『鳥の日本史』『近世大阪の見世物年表』や当園が戦前に編纂した『動物二六〇〇年史』などを見ると、ダチョウよりヒクイドリの方がひと足早く江戸時代の寛文三（一六六三）年に渡来しています。その理由としては、ヒクイドリの生息地がオーストラリアやニューギニアで、地理的にも近いことと、輸入にオランダの東印度会社が関係していたのではないかと考えられます。そのため、本物のダチョウが渡来するまでは情報が乏しく、ヒクイドリのことをダチョウと称して、写生画や版画にその姿をとどめています。

ダチョウを漢字で表記すると「駝鳥」となり、中国語由来と思われます。「駝」の字を「駝」に当てる場合もあります。中国語で「駝鳥」は tuo niao と発音します。ちなみに「駱駝」は luo tuo と発音し、「駝羊」は tuo yang で、南米の「ラマ」のことを指します。「駝」tuo の文字には名詞で「ラクダ」、動詞で「背を曲げる」という意味があります。私見ですが、〝首が長いという形態〟を表しているように思います。

天王寺動物園のサバンナのダチョウ

八〇年前初めて人工孵化成功

天王寺動物園におけるダチョウのエピソードをご紹介しましょう。今でこそダチョウの人工孵化は産業化して、ダチョウ牧場もあるほどですが、昔は情報も少なくなかなか繁殖がうまくいかなかったようです。今から八〇年前の一九二五（大正一四）年一〇月末に、当園が我が国で初めて成功しています。

当時、まともな孵卵機もなく、ましてやタイマー設定や一定の温度に保つサーモスタットのなかった時代に四十数日間をどのようにコントロールしたのか、想像もできません。その中で機材の製作、工夫、徹夜の観察を行って、ローテクで成功したことは賞賛に値します。当時の新聞にも、大変な偉業であったと報道されています。

通常、鳥類の孵化では親が採餌したり、羽づくろいをしたりする合間に、転卵（満遍なく温まるように卵の位置を変える）とか、放冷（抱卵を一時的に止めて卵の温度を下げる）を一日数回行って卵自体に刺激を与えたり、親とのコミュニケーションを図って孵化を促します。が、手作りの孵卵機では転卵や放冷をどのようにしたのでしょうか？

四三日後にヒナが孵って、新聞紙面を飾ります。しかし、このヒナは一〇九日目に亡くなってしまいます。

日本で初めての成功という気負いがあって、健康に育てようとするあまり、ほうれん草、パン、卵の黄身などの高蛋白、高カロリーの良質のものを与え過ぎて、栄養過多になっていたのではないかと思います。そのため、骨の組成や骨格の形成以前に、大きな体格、過体重になって起立不能や開脚、脚弱、骨折などのいずれかを引き起こし、死亡したのではないかと思われます。鳥類に限らず、哺乳類でも往々にしてこのようなことは見かけます。

その後、当園ではダチョウの繁殖は見られず、一九九〇（平成二）年に二度目の繁殖に成功します。この時は、育雛時にニワトリの養鶏配合飼料に青菜と、努めて粗飼料中心に給餌しました。また、ヒナが自発的に採餌できるようニワトリのヒナを同居させて刷り込みを行いました。おかげで全てのヒナが順調に生育しました。この頃、エミューやレアも繁殖し、この手法でことごとく成功しています。

哺乳類と違い骨はスカスカ

もう一つの話をご紹介します。ダチョウが脚を骨折し、ピニングの手術をした時のことです。鳥類の骨は、哺乳類の骨と違って中がスカスカの空洞であるため、ピンが遊動し、なかなか収まらずにたいへんな苦労をして処置を終えました。ちょうど麻酔が切れかかる頃、まだ起立できない体で何とか起き上がろうと脚をバタつかせ、頭を激しく左右に振って寝室の床に打ち付けたために、脳に損傷を受け、せっかくの治療の甲斐なく死亡してしまったのです。この思わぬ行動にはただただ驚くばかりでした。

これは、ダチョウに限らずシマウマやカモシカ類など捕食者に狙われる草食獣たちは、横たわることがほとんどないために、横たわることが不安なのです。ですから、手術などの際には、麻酔の覚醒時に特に気を配ります。本当に、野生動物の飼育は未知の部分が多く、日頃の研究と情報収集、そして、〝観察〟が肝要であることに気付かされます。

第3章 生態・行動・習性

16　難しいコアラの飼育

二〇〇四年一一月のオーストラリアの月刊紙にビクトリア州政府が同州西部の国立公園でコアラが増えすぎ、周辺の植物（と言ってもユーカリだけと思うのだが）に悪影響が出ているとしてメスのコアラ二〇〇〇〇頭に避妊用ホルモン剤を埋め込むことを決め、そのために五〇万豪ドル（約四〇〇〇万円）を用意し一〇週以内に完了させると報道されていました。しかし、動物愛護の盛んなお国柄のこと、その方針について、すでに東海岸のコアラでは絶滅の危機があると言われる中にあって、ビクトリア州独自の決定に保護団体から疑問視の声があがっていると報じていました。

天王寺動物園では繁殖も危うく

これまでにもオーストラリアでは増えすぎたからとコアラやカンガルーを何度も処分したことがありましたが、輸入を熱望する日本へはなかなかスムーズには輸出されないようです。

天王寺動物園では一九八三（昭和五八）年からコアラ誘致の準備を始め、一九八九（平成元）年六月に三頭のコアラがメルボルンから入って以来、計三回八頭のコアラを譲り受けました。一時は一〇頭を保有することもありましたが、今では六頭だけで、それも高齢化しています。コアラの寿命は一二〜一三歳と言われていますが、天王寺動物園では最高齢が一七歳、最も若くても八・八歳で、気をつけないと繁殖もちょっと危ういのではないかという感じがします。そこで数年前からメルボルンやオーストラリア政府の当局者に誘致のお願いをしていますが、なかなか思うように具体化していません。

コアラ

さて、「コアラ」という名前はオーストラリアの原住民のアボリジニーの言葉で「水を飲まない」という意味があります。しかし、本当にコアラは水を飲まないのでしょうか？　飼育下のコアラで本当に調子が悪いときには、ユーカリを差し込んであるポットの水を飲んだこともありますし、止まり木から降りてきて地面に設置してある給水器の水を飲んだことも過去にあります。コアラの食べるユーカリには六〇～七〇パーセントの水分が含まれていますが、生理的にあまり活動しないコアラでは、朝露に濡れたユーカリと葉に含まれる水分で十分だと言われています。

目の前の葉しか食べない横着者

ユーカリは栄養学的にどうかと思い調べてみますと、カロリーはサツマイモと同じで、米やトウモロコシにはいささか劣ります。しかし、脂質、繊維、カルシウム、カリウム、ビタミンA、Cなどは穀類よりずば抜けています。

コアラは外見ではモコモコとふっくらしていて可愛く見えますが、皮下脂肪や肝臓に脂肪や栄養を蓄える作りになっていないので、ユーカリを食べなくなるとすぐに調子を悪くします。それに横着なのは目の前にあるユーカリしか食べませんし、それにもまして、若芽の穂先しか食べませんので、満遍なく食べるように飼育係が何度もユーカリの向きを変えてやらなければなりません。

ユーカリには脂質やシアンも多く、普通の動物では消化吸収も悪く、中毒も起こしかねません。しかし、適応というのでしょうか、コアラはこれらを分解吸収できる体の作りになっています。

ところで、コアラの赤ちゃんはお母さんの育児嚢（袋）で六か月育てられます。六か月の哺乳期間を過ぎると袋から出て、すぐにユーカリをパクパク、ムシャムシャ食べると思われがちですが、袋から出る頃にお母さんは赤ちゃんに自分の盲腸の未消化便を出して与えます。コアラの赤ちゃんは何回かお母さんの未消化便をもらって、初めてエサのユーカリを消化する消化酵素や、消化を助ける原虫や微生物を体内に取り込み、育て、受け入れの準備をします。

この未消化便のことを「パップ」といい離乳食のような役割を果たします。このようなシステムはカバやウサギでも見られます。

コアラという動物は一五～一七時間寝てばかりで、起きている時と言えば採食中か、排尿排便徘徊の時ぐらいです。怠惰で知能の低い動物かと言うとそうでもなく、身近に接する担当者の臭いや声、足音などを認識しているようです。定例化している体重測定や屋外展示などでは自分の部屋とそれ以外のところを自由に自分の意思で行き来しますし、エサ替えや観察の時にスキンシップをしてやると、安心して気持ちよさそうにまどろんでいます。

毎日午後一時はエサのユーカリを交換する時間となっていますので、コアラをよくご覧いただけます。

17　意外と可愛いタスマニアデビル

タスマニアデビルってご存じですか？　最近、国内は言うに及ばず海外の動物園でも見かけるのは至難のようですが、この「タスマニアの悪魔」が二〇数年前の一九八四年に天王寺動物園に来園しました。

大阪の毛織物会社のF社は毎年オーストラリアのタスマニア州で買い付ける最高品質の羊毛を最高の価格で落札することで有名ですが、現地の商工会議所がこれを評価し、これまでにハリモグラや最高級の原毛を生産する緬羊（めんよう）などを天王寺動物園にプレゼントしてくれました。そして八四年一〇月に肉食性有袋類である「タスマニアデビル」がF社のお世話により日本で初めてタスマニア州政府から贈られてきました。

さて、タスマニアデビルについてはその生態、行動、習性、飼い方などわからないことばかりで、オーストラリアの動物園や海外の文献から情報を収集しました。文献では動物学者・ハリスが一八〇八年にタスマニアの州都ホバートの近郊で発見し、その性格が人に馴れず、闘争心が旺盛で不気味な唸（うな）り声から「タスマニアデビル」と名付けました。

唸り声をあげるタスマニアデビル

気味悪く印象深い唸り声

タスマニアデビルは有袋目というカンガルーやコアラと一緒の仲間で夜行性の動物です。穴掘りや木登り、泳ぐことがうまく、凶暴で、鉄筋なども噛みきる丈夫な顎を持った動物ということが書かれていました。エサは牧場のヒツジやニワトリを襲ったり、ネズミやカエルを食べたり、ワラビー等の死体などを食べたりします。別名でも「タスマニア悪鬼獣」とか「ケイジブリーカー」（さしずめ檻破りとでも言いましょうか）など恐ろしい名前が付いています。

その鳴き声も不気味で、腹の底から絞り出すようなしわがれた声で「アウゥ～～ウ」「ガアァ～ア」という唸り声で、デビルの名はその鳴き声にあるかと思われるぐらいです。

初めて聞いた時は本当に気味悪く、忘れることのできないくらい印象深い唸り声でした。

八四年一〇月二六日の午後、オーストラリアから大阪空港に着いたタスマニアデビル四頭は二つのジュラルミンケージに入れられ、ケージの表には「未経験者が檻を開けるときは咬まれる恐れがあります。コンテナーを開けたり、エサを与えないでください。以上、忠告する。」と書かれてありました。危険防止のため檻は格子ではなくジュラルミンパネルで直径五ミリの空気孔が十数か所開けてあるだけで、真っ暗で中も見えず健康調査もできないくらいで、それがまたライオンやトラとは違った何か本当に得体の知れない恐怖というものを感じていました。

タスマニアデビルを見ていると、よく鼻先をつきあわせて大きく口を開けて今にも噛みつかんばかりの形相で唸り声を上げています。初めの頃は闘争心の旺盛な猛獣だなと思っていたのですが、別に噛みついたり、引っ掻いたりするわけでもなさそうなので、どうやら順位付けや闘争回避のコミュニケーションを図るためのディスプレーかも知れないと思うようになりました。寝るときもオスメス二頭が寄り添って眠っています。

タスマニアでも生息数減少

展示してからお客さんの声を聞いてみると、頭が大きく、足が短いアンバランスな姿から「まあ~可愛い」「小グマみたい」「別に悪魔ちゃうで」「怖(こ)わないやん」という声があがっていました。夜行性というにもかかわらず昼間にも良く動いてくれますが、結構居眠りする姿も見かけます。発見者のハリスは凶暴といっていましたが、何人かの学者は、タスマニアデビルは従順で、その子どもは楽しいペットにもなり、イヌのように付き従うおとなしい動物と表現しています。

ただ残念なことは短命であるということで、文献でも肉食性の有袋目の寿命は五～六年と言っていますが、タスマニアデビルは六～七年でガンなど腫瘍性の疾患で死亡することが多いと記述してあります。天王寺動物園でも最長が七年でした。また死因も半数が腫瘍によるものでした。

タスマニアでもどんどん減少していると聞いていますが、短命のうえ環境開発などで生息域が狭められると、ますます減少の一途をたどるのではないかと心配します。

18　野生のヒツジ・バーバリシープ

バーバリシープとバーバリー・コート

私の先入観かもしれませんが、バーバリシープというと何故か、バーバリのコートを思い浮かべます。と言ってバーバリのコートはバーバリシープの毛を紡いで作られるという話ではないのです。

私はブランドにはさっぱり興味がなく、良い悪い、高価安物の区別もつきません。何故、脳裏にバーバリのコートが出て来たのか？

この勘違いは、①バーバリシープが北アフリカのモーリタニア、モロッコ、アルジェリア、リビア、チャドなどの山岳地帯や砂漠に生息分布している、②生息するこれらの場所を昔からバーバリ地方と呼んでいた、③映画「カサブランカ」でハンフリー・ボガートがバーバリ？のトレンチコートを着ていた、④カサブランカはモロッコの一都市で、外人部隊が駐留し、トレンチ（塹壕）コートにつながる、⑤バーバリのトレンチコートの生地の色がベージュでバーバリシープの毛色と似ている……から連想して、バーバリシープとバーバリコートとが結びつい

たてがみが見事なバーバリシープ

てしまい、ハンフリー・ボガートが着ているトレンチコートはこのバーバリ地方が発祥の地と信じて疑わなかったのです。

が、その後、大人の総合誌でバーバリのコートが紹介されており、読んでみたところイギリスの Thomas Burberry（トーマス・バーバリー）が一八八八年にトレンチコートを考案したということで、単語が全く違っていました。

また、何よりもカタカナ表記が両方とも「バーバリ」ということが間違い、勘違いの発端で、そのうえコートのバーバリの名称は正しくはバーバリーだったことすらわからなかったのです。動物園でバーバリシープを知っていたことが却って災いしたようです。

さて、本題に入りますが天王寺動物園にはバーバリシープという野生のヒツジがいます。大きく弧を描いた角にベージュ色の毛色をした大型のヒツジで、喉から首、胸そして前足にかけて長くて見事なたてがみがあります。体重はオスで一〇〇～一四〇キログラム、メスで五〇～六〇キログラムあります。

二メートルのフェンスを難なくジャンプ

このバーバリシープは北アフリカ、バーバリ地方の岩山や砂漠の丘に棲み、強靭な跳躍力で岩山をよじ登ったり、ジャンプするのを得意とします。ドイツのある動物園で、余剰になったものを他園に移送するため、網で捕獲を試みましたが、放飼場の二メートル以上のフェンスを難なく飛び越え全部脱出させてしまった例があります。

バーバリシープは、野生ヒツジというよりむしろ風貌も野生ヤギに似ているので、バーバリゴート（注意してください「コート」ではないですよ！）と呼ぶほうが相応しいという記載も見られるぐらいです。しかし遺伝子的にはヒツジに近い仲間で、図鑑でもヤギとヒツジの中間に位置する動物と解説しています。

バーバリシープは、飢え、渇きに強く、夏には栄養に富んだ青草を食べ、冬には枯れた草やコケ類を食べます。また、水の中や湿地、ぬかるみの中で泥浴びするのを好みます。一一月の発情期には成熟したオスは十数メートルの距離に対峙し、猛烈なスピードで額のぶちかましを行ったり、角を絡めあったりして優劣を競います。また額と角を地面につけて押し合いへし合いをするので、角の基部が磨耗して痩せ、角競り合いの時に折れることがあります。

天王寺動物園のバーバリシープは一〇年ほど前までは三〇頭も飼育しており、毎年、エサや繁殖を巡る闘争や新生仔の繁殖、余剰個体の搬出、そして死など、四季折々に様々な出来事があり、変化のある楽しいものでした。

しかし、最近では頭数も激減し、メスが九頭しかいません。成熟したオスがおればメス十数頭を従えたハレムの形成や出産や闘争も見ることができるのですが、何とかオスを導入し、自然な群れの生活を見たいものです。

19　フラミンゴはミルクで育つ

フラミンゴとフラメンコ、よく似た言葉の響き、この言葉を立て続けに何回も繰り返して言ってみてください。そのうち舌がもつれて同じ言葉を言っているような感じになっていませんか？　それもそのはずフラミンゴ Flamingo の名前の由来は、ラテン語の Flamma（フランマ・炎）や Flamenco（フラメンコ）から来ていると言われています。

炎のような赤い塊

ラテン語の Flamma は英語の Flame（炎）に当たりますし、ラテン語の「赤」は Flammeus と書きます。フラミンゴという名前は何万羽という大群で湖に生息しているこの鳥の集団を遠くから見ると、赤い塊となってゆれる炎のように見えることから「炎の鳥」、「赤い鳥」と形容され、フラミンゴと名付けられました。フラメンコの名前も赤い衣装を身につけ、情熱的に燃えさかる炎のように踊る姿から名付けられたものと思われます。

テレビや写真で有名なケニアのナクル湖でコフラミンゴの群れを見たときは、人が近づくと群れがいっせいにザワザワと波打って、右あるいは左へと一定方向に動きます。ナクル湖を見

炎の鳥と形容されるフラミンゴ

下ろせるバブーンクリフから眺望すると、赤潮のようだと表現する方がいますが、見方によっては果てしなく広大なレンゲ畑のようにも見えました。

さて、五月に入るとフラミンゴの繁殖のシーズンがやってきます。

フラミンゴの繁殖は簡単そうに見えますが、条件が揃わないとなかなか繁殖しないもので、ある一定の数が無いと繁殖しませんし、その繁殖は連鎖反応的に競合する状態で始まります。そのためにフラミンゴの数の多い動物園では一度繁殖しだすと営巣の同期化が働き、苦も無くどんどん増えますが、少ない動物園ではなかなか増えません。

そこで群居性を感じさせるため、フラミンゴの飼育場の周囲にステンレスの鏡を置いて自分たちの姿を投影させ、さもたくさんいるように見せかけて繁殖行動をあおったりします。このほか繁殖の阻害因子であるネズミ、イタチ、ネコ、カラスなどの害獣、害鳥対策を行う。入園者との距離を隔てる。背面を植栽するなどして、落ち着いて抱卵育雛ができるよう環境整備を行います。

鮮やかな羽で誘う

このほかフラミンゴの繁殖には羽色も重要な要素で、鮮やかな羽色は性的な誘因となり、相手を引き付けます。そのために飼育下では合成の色素剤や天然色素を含んだ飼料を多給して色上がりを高めます。

天王寺動物園で二〇〇四（平成一六）年に、久しぶりに繁殖したのは、害獣害鳥対策としてフラミンゴ飼育場を全体的にネットで覆ったこと、バランスよく交尾ができるよう切羽、断翼（以前はネットが無かったので脱出防止のため羽を切ったり、翼の先端を落としたりしていた）をしなかったこと、巣台の土を入れ替え、巣作りの手助けをしてやったことなどが功を奏したように思います。

フラミンゴは繁殖行動が始まるとオス・メス共同で池の端で嘴を使って泥や砂を引き寄せ、

徐々に積み上げて三〇センチほどの高さのバケツを逆さまにしたような巣を作ります。産卵は一卵でオス・メスが交代で温め、三〇日ぐらいで孵化します。

オスもミルクを分泌

孵化したヒナは完全に巣立ちするまでの二~三週間、親からフラミンゴミルクを口移しに与えられます。フラミンゴミルクは、食道が変化し胃のようにふくらんだ嗉嚢壁（そのうへき）の腺から分泌される、蛋白質や脂肪に富み、赤血球や赤い色素のカンタキサンチンを含んだ真っ赤な液体です。驚くことに、フラミンゴミルクはオス親もちゃんと分泌します。

また、フラミンゴミルクはヒナの鳴き声に刺激され、催乳ホルモンの働きによって分泌されます。まるでヒトのお母さんのお乳のようですね！

ところでこの時期、フラミンゴを見ていた入園者から、フラミンゴが怪我をしていると通報を受けますが、飛んでいってみると親の翼あたりが真っ赤に染まっていることがあります。これはヒナが親の翼の下に潜り込んでいて、この状態で親がヒナにフラミンゴミルクを口移しで与えるので、口元からこぼれた真っ赤なミルクが親の翼の脇などに付き、出血と間違われてしまうようです。

それにしてもミルクのイメージは、白と決めていたのですが、真っ赤なミルクもあるのですね！

20　ツバメの仲間

初夏、ツバメが飛び交うシーズンです。私が住んでいる泉南・岬町では今、ツバメが巣作りの真っ盛りで忙しく飛び回っています。しかし、勤務先の天王寺動物園ではあまり見かけません。上町台地は緑が多いのでエサの虫はたくさんいるのでしょうが、巣作りの材料となる泥土や雑草と巣をかける家屋が近くにはないため、見かけないのではないかと思います。

岬町は、大阪市内から六〇キロメートルの大阪府最南端にあり、峠を越えると和歌山という温暖で海にも山にも近い自然の豊かなところです。従って渡り鳥の初認や植物の開花が大阪市内よりいくらか早いようです。

ツバメは季節を感じさせるものとして私は毎年、初認と終認を記録しています。ここ数年のツバメの飛来を調べてみますと、一九九九年は四月八日、二〇〇〇年は三月二八日、〇一年は三月二二日、〇二年は三月一六日、〇三年は三月二三日、〇四年は三月二〇日、〇五年は四月三日でした。見落としや季節の変化もあるかもしれませんが、平均するとだいたい三月の二〇日過ぎに渡ってくるようです。そして帰去する終認は一〇月の最も遅い時で二八日だったと記憶しています。

営巣中のツバメ

優れた帰巣性

普通、街中で見られるツバメはスズメ目ツバメ科ツバメ属に属するHouse swallowと呼ばれるもので、年二回繁殖しますが、少しの間をおいて続けて繁殖するため一回目の孵化育雛期間は二回目より一～三日短く、一回目の育雛は、はじめにペアを組んだオスが専ら行い、二回目は別の新しいオスとペアを形成し共同で育雛します。七月も下旬になるとツバメは繁殖行動を終えます。

ツバメは帰巣性が優れていて洋の東西、鳥の研究家がいろいろ調べています。同じツバメが翌年も同じ巣に帰ってくるという帰巣性は成鳥で五〇パーセント前後です。しかし、幼鳥、若鳥、メスはオスの成鳥より帰巣率が劣ると言われています。また、そのうちで毎年、同じ県、郡、市町村の同一地域に帰ってくる帰巣率は九〇パーセントを超えると言われています。

このほかツバメとほぼ同一の習性や行動を示すものにイワツバメがいます。イワツバメはツバメ科イワツバメ属に含まれ、夏鳥として東南アジアから渡ってきて、九州、四国、本州、北海道の五〇〇～三〇〇〇メートル山地に落ち着き、繁殖を行います。

また、ツバメの仲間ではないのですが、形態が似ているとか、飛んでいる姿が似ているとかで〇〇ツバメと称し、似て非なるツバメをご紹介しましょう。例えばアマツバメ、アナツバメ、ウミツバメなどです。アマツバメ、アナツバメはスズメ目ツバメ科ではなく、アマツバメ目アマツバメ科に属します。但し、アナツバメはセイシェル、インド、スリランカ、東南アジア、フィリピンなどに生息していて、日本では見かけることはありません。ウミツバメはミズナギドリ目ウミツバメ科に属し、足にヒレのある海鳥で、ツバメとは全く関係がありません。

高級中華食材

さて、ツバメの巣というと連想するものに高級中華食材の「燕の巣」があります。
中国語で書きますと「燕窩・yanwo・イエンウォ」とつづりますが、これはアマツバメの仲間のアナツバメ（中国名・金糸燕）が作る巣で、アナツバメが飛翔中に漂う羽毛、塵を嘴で集め、海岸の洞窟の岩壁に粘稠（ねんちゅう）な唾液で貼り付けます。特に良質な「燕窩」を作り出すシロスアナツバメ（中国名・灰腰金糸燕）では粘稠な唾液のみで一〇センチ位の乳白色不透明で干し寒天のような椀型の巣を作ります。これが高級中華食材の「燕窩」で、フカヒレや干しアワビと共に三大珍味といわれ、一〇グラム程度でも五～六〇〇〇円以上といわれています。

ツバメの巣の料理に卵白を泡立てた燕の巣のスープ「卵白淡雪燕窩」や、燕の巣の清んだスープ「清湯燕菜」、燕の巣と鳩の卵の料理「燕窩白鴿蛋」などがあります。

最後にツバメのオスの尾羽（燕尾）は二次性徴を表すもので、ほかのオスと比べ、より長く美しく左右均衡な尾羽を持つものは生存競争に打ち勝って、より美しいメスを獲得できる「キムタク」ばりのモテモテの存在といわれています。美男で力のあるものがいずれの社会でも図々しく生き残っていくのでしょうね！

21　ペンギンは飛ぶか？

ペンギンは鳥類です。従って飛ぶものです……？　ペンギンが飛んでいるのをご覧になったことがありますか？

白浜・アドベンチャーワールドの極地館にはコウテイペンギン、オウサマペンギン、ジェンツーペンギン、アデリーペンギン、ヒゲペンギンが二〇〇羽近く飼育されていますが、ここの展示プールは深くて広いので、たくさんのペンギンが飛んでいる姿を見ることができます。

水中を飛ぶ

最近になってあちらこちらの動物園や水族館で楽しくペンギンを見せる工夫がされ、自由にのびのびと泳いでいる姿が見られるようになりました。が、しかし、一昔前までは狭い冷房室で動かないペンギンとか、屋外のプールで気だるさそうなペンギンしか見られなかったものです。展示の革命というか、三次元展示というか、今まで平面的にしか見られなかったペンギンを上からも、下からも、横からも、斜めからもいずれからも見ることができる素晴らしいペンギン舎を作った動物園があります。それは今、最も脚光を浴びている北海道の旭山動物園です。

フンボルトペンギンのヒナ（中央）と成鳥

旭山動物園では数年前にペンギンの展示場をトンネル水槽にして、いろんな方向からペンギンの泳いでいる姿を見られるようにしました。ペンギン舎にトンネル水槽を採用したのは非常に画期的で、旭山以外ではあまり聞いたことがありません。

水中トンネルそのものは古くから水族館で試みられた方法で、関西の水族館でも何館かが採用し、日本の淡水魚や南米のピラルクーやコロソマなどを展示しています。

シンガポールのアンダーウォーターワールドでは蛇行した水中トンネルの中に動く歩道（ムービングウォーク）を設置して、歩かずに熱帯、亜熱帯の色鮮やかな魚類を見ることができるようになっています。

水中トンネルは魚類やペンギンに限らず、遊び好きなラッコやカワウソ、アザラシ、イルカなどで試みると、たいへん楽しく、好奇心の強い動物たちと友達になれそうな感じがします。

旭山でも白浜アドベンチャーでもオウサマペンギンが翼を羽ばたいてスイスイと水中を泳いでいますが、下から見上げると全く空を飛んでいるかのような錯覚を覚えます。ペンギンはまさに水中を飛んでいるのです。考えてみれば鳥類ですので、空中で羽ばたくか、水中で羽ばたくかの違いだけなんですね！

ところで日本のペンギン飼育の歴史では初渡来が意外と遅く一九一五（大正四）年に上野動物園にフンボルトペンギンがやってきたのが最初で、以来、現在までに日本では一四種類のペンギンが飼育されてきました。

現在、日本で展示されているペンギンは約一二種、二三〇〇羽余りで、これは全世界の飼育下のペンギン一万羽の四分の一を占めているペンギン王国なのです。ちなみに最も多いペンギンはフンボルトペンギンで二〇〇一年の調査では国内で一五三三羽が飼育されていますが、この数字は九三年の調査による野生下のフンボルトペンギンの生息数一万二〇〇〇羽の一割強が日本で飼われていることになり注目を集めています。

飼育係泣かせ

ところで、今までの日本のペンギン飼育はずさんなところがあり、寒冷と温帯、生息環境が全く違うものを同居させたり、同属のペンギンを二～三種同居飼いしていたために属間雑種を作ったり、血統管理がされていなかったりで問題も多かったのですが、各ペンギンの国内血統登録者の努力があって、現在は交雑するものを整理し、繁殖、死亡、移動を的確に把握して、適正な飼育管理がされています。

さて、天王寺動物園では朝の一〇時過ぎと昼の三時過ぎにペンギンにエサを与えています。オウサマペンギンとイワトビペンギンはハンドフィーディングで飼育係が小アジやシシャモを口元に持っていって給餌を行っていますが、嘴の鋭いエッジは感覚器のようで嘴ではさんだ瞬間、ちょっと解凍が進んでいたり、鮮度が悪いと嘴を横に振って魚を投げ捨てます。また飼育係の給餌の仕方が悪いと無視をして飼育係を泣かせます。

初めてペンギンを担当すると、まず、ペンギンから認知されることが大事で、次にエサの魚を上手に与えることができないと、ペンギンどころか見ているギャラリーの視線が痛く感じます。

22　都会のサギ師

昨今、「おれおれサギ」とか「振り込めサギ」とかサギまがいのものが横行していますが、今回は正統、本家のサギについてお話しします。

ケージの外で野生が繁殖

大阪の市内ではかねてからサギ類の自然繁殖はなかったと言われてきました。しかし、一九八七（昭和六二）年に、当地で開催された天王寺博覧会に併せて、天王寺動物園では三二〇〇平方メートルのバードケージ「鳥の楽園」を建設しました。当時、ここにはコウノトリ目、ガンカモ目、ツル目、チドリ目など五〇種三〇〇点の鳥が展示されていました。繁殖は毎年好調で孵卵器はフル稼働、育雛箱も育雛室も満杯で、上手にローテーションを組んで繁殖調整を行っていました。春には抱卵、育雛が目の当たりに見え、可愛いヒナを常時見ることができました。ケージ内の木々、草本も順調に成育し、自然の風合いを醸し出していました。

これに乗じてか、ケージの外の金網の骨組みに野生のアオサギが営巣を始めました。そして毎年のごとく繁殖し、日本野鳥の会から当時、唯一大阪府下で繁殖が確認された例と紹介されました。そのうち隣接する日本庭園のクスやサクラの木にゴイサギも営巣し、コサギも繁殖しだしました。ケージの内と外で相乗効果を生み出したようにサギ類が繁殖を競うようになりました。

しかし、毎年おびただしい数の野生のアオサギがケージの骨組みや金網に巣をかけるので、金網が腐食してケージの中の展示鳥類が逃げ出すとも限りません。そうなると移入動物（今でいう外来動物）の帰化問題とか、生態系の破壊とか、あるいは巣をかけているサギから展示鳥類への感染症の心配などが考えられるため、ある日、園の職員が危険をかえりみず二〇メートルの高さのケージに登り巣材や卵を撤去したところ、これが某紙にスクープされ、自然保護に逆行すると非難を浴び、謝罪のコメントを出した苦い思い出があります。

ペンギン、アシカのエサを横取り

このように動物園で野生のサギ類が異常に繁殖した経緯には、安心して暮らせる、エサが豊富にある、競合するものがいないなど、いろいろな要素が考えられます。

サギ類は魚食です。以前は、ペンギンプール、フラミンゴプール、ペリカン池、アシカ池などいずれのプールにもネットがしていなかったので、給餌時間ともなればアオサギ、ゴイサギ、コサギ、ドバトなどが示し合わせたように群がり、ペンギン、ペリカン、アシカのエサの小アジやコイ、ドジョウを、そしてフラミンゴのペレット、オキアミなどを遠慮なしに腹いっぱい食べていました。

彼等がエサを取る面白い光景を一つ二つご紹介しましょう。動物園ではサギ類があまりにエサの魚を盗食するものですから、ペリカン池、フラミンゴプール、ペンギンプールと順次、ネットをかけました。しかし、最も興味深く面白いのはペンギンプールのゴイサギで、お客さ

ペンギンのエサ（小アジ）を盗食するゴイサギ

んが少なくなると知らない内にペンギンプールに入っています。

初めは何処から入ったのかわからなかったのですが、観察すると五センチ幅のピアノ線を留めているアングルに降り立ち、翼を畳んで体を斜に構えて「スルッ！」と入り込みます。そしてペンギンに混じって水底にある小アジを凝視しているのですが、水深があるので底まで潜ることはできません。そこで、ペンギンがフリッパー（ひれ）で水中をひとかきすると小アジがあおられて水中を漂います。その時にすかさずダイビングして小アジをかっさらいます。また、ペンギンが嘴で小アジを啄ばんだ時を狙って横取りすることもあります。

一方、アシカ池ではアオサギ、ゴイサギ、コサギの三種類が揃います。アシカ池は小アジのエサが販売されていて、お客さんがアシカのためエサを購入し投げ入れるのですが、アシカの口に届く前にサギ類が空中ダイブして横からエサを上手に取ります。また、水中に投げ込まれた小アジも足の長いアオサギがアシカより早く水中に頭を突っ込んで、エサの小アジを確保します。

驚いたのは水深のあるプールに足の立たないアオサギがガンカモと同じように水面に体を浮かべ、足で水をかいて泳ぐのを発見した時でした。

いずれのエサ場でも、サギの力関係で最も強いのは大きなアオサギ、器用で向う気の強いのがゴイサギで、最も効率が悪く弱いのがコサギでした。

都会のサギ師たちも生き残るためには学習と研鑽を欠かさないようです。

23　今年も誕生、アシカの赤ちゃん

天王寺動物園には二〇〇六年現在、成獣のオス一頭と成獣のメス六頭、六月に生まれた赤ちゃん四頭と昨年の仔一頭の計十二頭のアシカが飼育されています。

アシカの繁殖はメスが成熟し、健康であれば順調に行くのですが、子どもの離乳と餌付けは思いのほか難しく、二〇～三〇年前まではなかなかうまく行かず、どこの動物園や水族館でもせっかく繁殖してもうまく育つことは少なかったようです。

最近は飼育環境が良くなったのと、飼育方法が確立されたので、上手に離乳と餌付けができるようになりました。しかし、機会を逸すると失敗することもあり、そのタイミングの取り方は長年の経験がものをいうようです。このほか、個性によって何事にも積極的に興味を示す個体は見よう見まねで自然に餌付くものもいます。

生き餌を放して離乳と餌付け

天王寺動物園では、ここ数年、毎年三～四頭生まれていますが、うまく育つのは二～三頭です。六頭いる成獣のメスの中にも高齢なものもいて、妊娠しても早死産を習慣的に繰り返すも

生まれてまもなくのアシカの赤ちゃんと親

のもいます。

通常、アシカの出産はだいたい六月と決まったもので、五月の下旬なら良いのですが、初旬に生まれるものは早産や死産が多く、うまく育ちません。また、七月中下旬に生まれるものはほとんどありません。

さて、今でこそうまく離乳ができるようになりました、と書きましたが、いずれの動物園でもアシカの離乳は生後半年から九か月位で行っているところが多いようです。

離乳は体重が一つの目安になります。体重が伸びず横這いか、下がりはじめる頃に捕獲し、親から離れたところに隔離して餌付けを開始します。あまりにも体重が落ちていたり、衰弱が目立つような時には人工乳を哺乳し、体力を付けます。体重も体力も申し分ない場合には、生きたコイ、フナ、金魚、アジをプールにはなして興味を引くか様子を見ます。

魚の動きに対して追尾をしたり、くわえたりしたらしめたもので魚を食べるのに時間はかかりませんが、興味を示さない場合は魚を小切りにしたり、ミンチ状にして人工乳と混ぜたり、流動食としてカテーテルで胃袋に直接流し込んだりします。

アシカの子を保定して無理に魚をのどに押し込むこともしますが、今までミルク以外に固形物が喉元を通ったことがないので、強制的に押し込んで、その感触をおぼえさせます。天王寺動物園では専ら生きた魚を使うか、生の魚を喉もとに押し込むか、いずれかの方法で行っています。

アシカはイヌ並みに知能が高いことから、昔から曲芸やショーに使われることが多く、いずれの動物園、水族館でもアシカライド、ダイビング、バランス、握手、拍手、玉入れなど器用にこなして好評を博しています。一時、動物の曲芸は社会批判があり、やめるところが多かったのですが、アシカ本来の能力を高め、行動を引き出すことで動物のストレス解消や健康管理に役立つということから、最近では公立でもターゲットトレーニングとホイッスル併用でアシカの能力を高めている動物園や水族館があります。

印象に残っているのは、オーストリア・シェーンブルン動物園のアシカプールで、キーパーの吹くホイッスルの号令でアシカをジャンピングさせ、エサの魚をゲットすると同時に落下し、大きな波しぶきを上げ、入園者に水の洗礼を授けることを「売り」の一つとして、入園者から好評を博しています。

胃袋から多数の石と電池

ところで、好奇心旺盛で遊び好きなアシカのこと、投げられた小石をエサと間違って飲み込むことが度々あります。天王寺動物園では今から二〇年余り前に二〇〇キログラムもあったオスの「シロ」が元気をなくし、三か月後に死亡してしまいましたが、「シロ」の胃袋の中からは一～六センチ大の石ころが一〇キログラム、個数にして五〇〇個、それと単三の乾電池が二個出てきました。

入園者の投げる小石を戯れてキャッチするうち胃がいっぱいになり、食欲不振から栄養障害などを起こして、亡くなっています。動物の気持ちを考えると不埒な入園者に憤りを感じるのは私だけでしょうか？

24　テノール歌手も真っ青・フクロテナガザル

動物園の雰囲気を感じさせるものに独特の臭いと「鳴き声」があります。動物園へ遊びに行くと、道すがら遠くから動物の鳴き声がします。

何百メートルも離れた天王寺駅近くまで聞こえる「ワ～ホッ！」、「ワ～ホッ！」、「ワ～ホッ！」、「フワン～」、「フワン～」、「フワン～」と甲高く鳴くフクロテナガザル、動物園に近づくに従って聞こえる「ワオッ！」、「ワオッ！」と鳴くアシカ、「ガオゥ～」、「ガオゥ～」と吼えるライオン、「カカカ」、「ココココ」、「ホッホッホッ」とけたたましく笑うワライカワセミ、「ホウオウ～」、「ホウオウ～」と鳴くセイランなど、いやがうえにも期待感をあおります。

子どもの頃、これらの鳴き声を聞くだけで早く動物園へ行きたい、早くゾウさんを見たいと気があせったものです。

しかし、最近は世の中が世知辛くなったのか、ゆとりがないのか、これらの鳴き声に苦情を言う人が現われました。鳴き声は動物園ならではのものなのに、近隣に住む人から「鳴き声を何とかしろ！」と暴言としかとれないことを言われ、泣く泣く防音シートを張ることもあります。

耳をつんざく掛け合いの声

さて、天王寺動物園で最も声が通る動物というと冒頭に書いた「フクロテナガザル」をあげるべきでしょう。天王寺動物園で初めてフクロテナガザルを飼ったのは一九七四年であまり長生きしなかったようです。現在のものは二代目で、八六年四月にオス「アン」を富山県の高岡

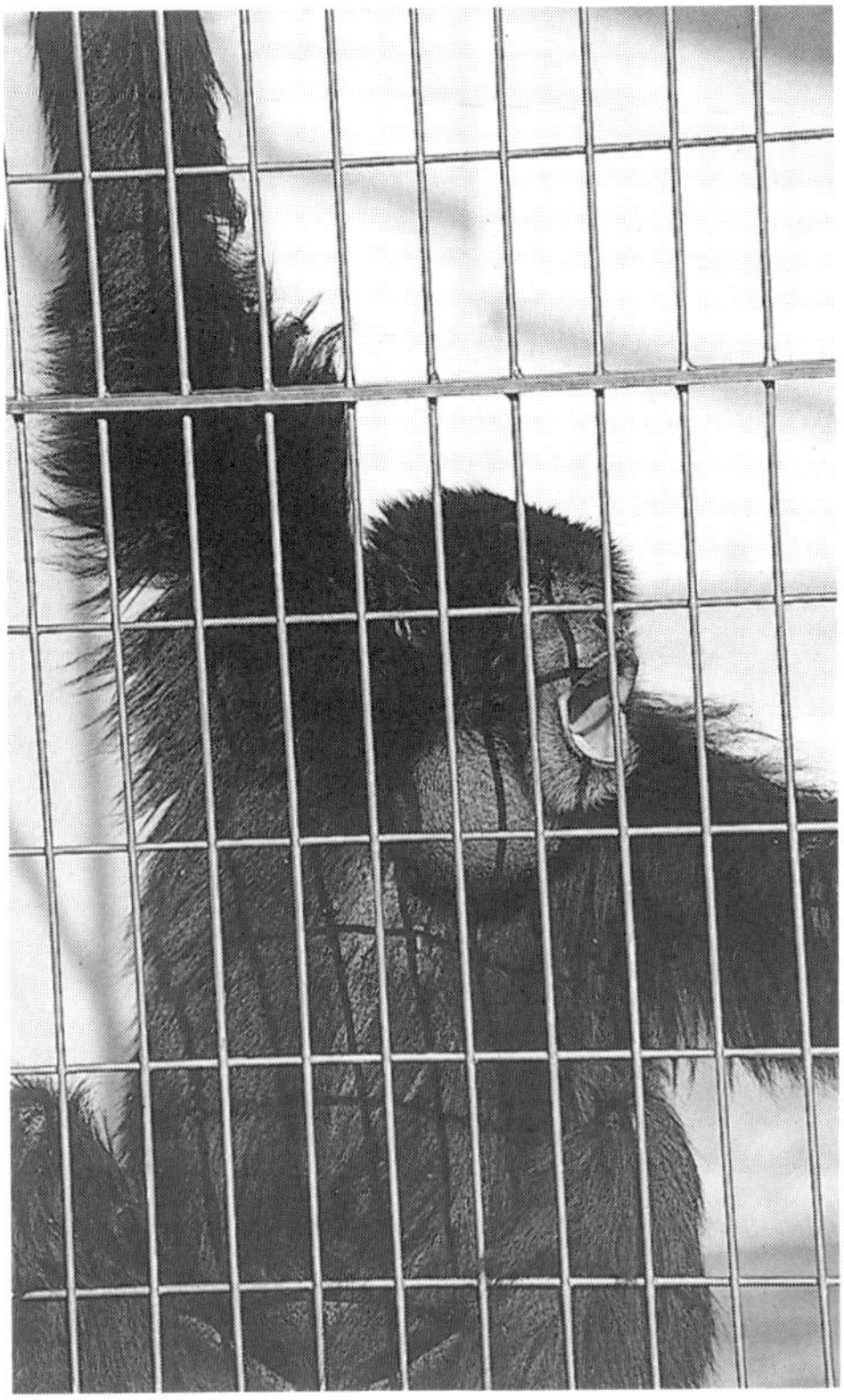

フクロテナガザル

古城動物園からいただき、メスの「モナ」はオスより三年早く八三年三月に推定七歳ぐらいで入園していますが、〇五年に死亡してしまいました。

このオス、メス二頭は比較的仲がよく、九四年に「フーちゃん」と名付けられたメスの赤ちゃんができています。今でこそオス一頭になりましたが、このペアがいた頃には毎日、耳をつんざくような掛け合いをやっていました。

メスが「ワ〜ホッ！」、「ワ〜ホッ！」、「ワ〜ホッ！」、「フワン〜」、「フワン〜」、「フワン〜」と断続的に鳴き声をあげると、オスが「キィ〜ッ」という鳴き声から「クアン」、「クアン」、「クアン」とかぶせるように大きな鳴き声をあげます。野生では朝の目覚めと共に自分たちの縄張りを相手に知らせるため鳴き叫ぶのですが、この鳴き声を「テリトリーソング」と言っています。

縄張りの遊動範囲は二〇〜三五ヘクタールほどですが、野生の静かな環境なら数キロメートル先まで聞こえるそうです。今でもオスの「アン」が一日に数回、このテリトリーソングを歌ってくれます。

しかし、園内でフクロテナガザルが鳴き出すと、声は聞こえるのだがどこで鳴いているのか場所がわからず、声を求めて入園客が右往左往ウロウロ、そしてようやくサル舎でこのサルを見たときの入園客の第一声は、「なんやこいつ！　でっかい声張り上げて！」、「しかし、めっちゃ大きな声だしよるなぁ」、「うるそうて、長いことおったら耳、変になるわ！」と好きなように言っています。

しかし、大きな声に辛抱してよく観察している人は、「あれっ？　喉のとこ、えらい膨らんでるわ！　風船みたいや」「な～るほど、喉の袋が大きく膨らんで共鳴しとるんやな！」「何やアコーディオンかスコットランドのバグパイプみたいなもんやな」と原因を解説しています。

類人猿の仲間、賢く人を識別

テナガザルはどの種類も大きな声を出しますが、とりわけこのフクロテナガザルは最も大きな鳴き声で知られています。体つきもテナガザルの中で最も大きく、毛色も黒で地面に降りて歩いている姿を見ると、ほかのテナガザルの種類はおおむね両手を上げて歩きますが、フクロテナガザルは手を下ろして歩くので、一瞬チンパンジーに見紛うことすらあります。

また、類人猿の仲間だけあって賢く、人をよく識別します。飼育係、獣医とお客さんをちゃんと区別するので、私が寝室の前を通ると威嚇するため格子のネットやガラス窓に両足で強烈な蹴りを入れます。ガラスがびりびりと震え、割れないかとヒヤヒヤして、その前を通るのが嫌になることがあります。

事実、過去に屋外のステンレスの格子が強烈な蹴りのため、アングルとの接点が広範囲に折れて、すわ！　脱出かと冷や汗をかいたものです。

まあ一度、テノール歌手のアンのテリトリーソングを聴いてやってください。

25 チンパンジーの知恵

いま、行動展示で人気の北海道の旭山動物園に対して、天王寺動物園は、「何が売りで、何がどうなんだ！」と言われると、自信を持って天王寺動物園の展示はその大半は自然環境をうまく取り入れた「生態的展示」と、形態や行動がよくわかる「系統分類学的展示」が中心であると答えています。

また、「行動学的展示」も一部で取り入れており、「鳥の楽園」やチンパンジー舎でも十分ご覧いただけます。特に、チンパンジー舎ではいろいろな細工が仕掛けてあって、チンパンジーの日頃の遊びや社会関係がよくわかります。

生育歴が力関係に影響

天王寺動物園には七頭のチンパンジーがいますが、相互間の相性や順位制（力関係や地位）があるため、七頭を二グループに分けて展示しています。

七頭のチンパンジーの中で順位が高く、多彩な遊びや表情が豊かでコミュニケーションを上手にとっているのは、多摩動物園からやってきたアップル（♀）、シンガポール動物園から

アリ釣りをするチンパンジーのアップル・レモン親子

やってきたプテリ（♀）、レックス（♂）親子です。天王寺動物園へ来る前にグループで飼われていたとか、出産の経験があるとか、自然哺育で育ったという経歴があります。

彼女らは仲間に溶け込むことや、チンパンジー社会のルールやマナーを理解することが早く、反対にグループに溶け込まず、順位制も認識せず単独行動をとるものがいます。リッキー（♂）、ミナミ（♀）、ミツコ（♀）で、彼等は、人工哺育で育ったとか、幼児グループの中だけで育ったという経歴があり、チンパンジーとしての共通のルール、マナーを習得していないし、十分なコミュニケーションが取れないようです。そのため勝手なことをしたり、小競り合いをしたり、自ら学習するというようなこともあまり見られません。

さて、毎朝、担当の飼育係が、チンパンジーを放飼場に出す前に、擬木や擬岩（精巧に作られたレプリカの木や岩）の裂け目、窪み、隙間にリンゴやバナナを挟み込んだり、アリ塚の中のトレーにオレンジやリンゴの生ジュースを満たしたり、擬木に穿(うが)ってある穴に落花生をひそませたり、アリ釣り用の樫の小枝を用意したりして、チンパンジーが退屈しないようにいろいろな仕掛けをします。

いよいよチンパンジーのご登場です。キャーキャーと歓喜の叫び声を張り上げながら飛び出してきます。毎朝のことなので、どこに何が隠されているか知っています。順位の高いチンパンジーのアップル、プテリなどは我れ先になって美味しいものを口に入れ、両手に持って独り占めします（そのときは二足歩行もするのですね……）。

そのあと、順位の低いチンパンジーが様子をうかがいながらエサの探索をして手に入れます。

巧みな道具の使用

放飼場にはジュースの入ったアリ塚が設けられてあります。手に持ったリンゴを食べつくすと、順位の高いアップルとその子のレモンが、まずアリ塚を占拠し、巧みに細枝を差し込んでは、飽きるまでジュースを舐めとっています。アップルはもっと効率よく舐めとるため、差し入れる樫の細枝の先端をしがんで毛房状にして吸水性を高めています。これは教えられてするものでなく何回かの経験から思いつくことですが、チンパンジーの道具使用、製作の実際を目のあたりにしたように思います。

レモンは常習的にはアリ釣りはしませんが、親の見よう見まねで一歳九月で偶然にもアリ釣りを覚えました。これはジュースを舐めとるのが目的でなく遊びの中で偶然にも成功し、以来、できるようになりました。親のアップルは子や同僚に対する分配行動というものは見せません。レモンが横にいても舐めさせるようなことはせず、自分さえ良ければ子どもの持っている都合の良い枝まで強奪して自分だけ楽しんでいます。

このほか擬木に穴を穿った「知恵の木」があります。これには前もって落花生が隠されていますが、これも道具がないと手に入れることはできません。アップルは細枝を挿入してほじるようにして自分の手元に引っ張り出してゲットします。他のチンパンジーは引っこ抜いたセイタカアワダチソウの茎や樫の細枝を使って穴に挿入し、落花生を押し出しますが、別のチンパンジーが反対側で待ち受けていて「漁夫の利」のように横からかっさらうものがいます。

これらを見ていると「アップル」は順位が高いだけでなく知恵も働いているように見受けられます。また、毎日、午前一一時半と午後一時半に飼育係が屋上からキーウイ、ニンジン、リンゴ、野菜の刻んだものとブドウや各種のドライフルーツ、ヒマワリの種を撒いています。これがエサ探しと暇つぶしにはもってこいで、入園客はその様子を楽しんで見ています。

現在の若い担当者は、これからもいろいろな工夫をしてチンパンジーやオランウータンの行動を引き出し、豊かにして楽しませ、また、私たちも楽しませてくれることでしょう。

26　バウムクーヘンとカラフトフクロウ

ワシミミズクやフクロウは「夜の猛禽」といいます。それに対してイヌワシ、オジロワシ、オオタカ、ハヤブサなどを「昼の猛禽」と呼んでいます。これは獲物とするものが同じであったり、行動域（縄張り）が重なったりして、お互い競合する天敵と不必要な闘争をしないため、もっぱら昼に行動する、あるいは夜に行動するというように、行動の区分と棲み分けをしています。

しかし、すべてのフクロウの仲間が夜行性かというとそうではありません。コミミズク、トラフズク、アナホリフクロウなど四割近くが昼行性か、もしくは早朝夕方に行動するタイプです。

エサとなる食べ物も、陸上の生物を捕食するフクロウもいれば、シマフクロウやウオクイフクロウのように魚食のフクロウもいます。これに相対するように昼行性の魚食の猛禽としてミサゴ、オジロワシ、オオワシなどがいます。

国内に五羽しかいない希少種

さて、天王寺動物園のカラフトフクロウは、一九八九（平成元）年一〇月に姉妹都市のレニングラード（現・サンクトペテルベルグ）から一ペアが我が国に初めてもたらされました。現在では天王寺動物園のほか、宇都宮動物園、羽村市動物園、千葉市動物園の四か所で飼育されていますが、その数は五羽を数えるほどの希少な動物です。

掲載した写真を見ていただければわかるように、カラフトフクロウはフクロウの仲間でも巨大な方で翼を拡げると一・五メートルにもなり、綿羽も非常に発達しているので太く大きく見えます。しかし、実のところは一キログラムほどで（但しメスは一・五キログラム以上になります）、ニワトリより軽いのです。

ところで、カラフトフクロウの特徴はその顔つきにあります。本当にユニークでドイツのお菓子「バウムクーヘン」を二つ、不正形につなぎ合わせたような顔つきをしています。フクロウというとおおむねこのような顔かたちですが、これにも意味があって、まず、平たい顔に窪んだ目と年輪のような同心円状の羽毛の模様は、パラボラアンテナのように音を正面に集める役目があります。また、外からはなかなか視認することはできませんが、耳の穴が左右不ぞろいについていています。これは多方向からの音の発信源をキャッチする役目があります。

夜行性に適応した目、耳、羽

また、フクロウの仲間は顔の正面に大きな目を持っていますが、大きなレンズを備え、わずかな光でも大きな目から取り込み、姿かたちを結ぶという働きがあります。サルの仲間やライオン、トラ、ヒョウなどのネコ科の仲間はフクロウと同じように正面に大きな目を持っていますが、これは両眼視することにより、獲物との距離感が掴みやすく、姿かたちを立体的に捉えることができます。即ち獲物を捕りやすくできているのです。

カラフトフクロウ

昼行性の鳥類は、眼球の網膜に色を識別する細胞をたくさん持っていますが、フクロウは色という より、物の形や明暗を見分ける細胞をたくさん持っているので、暗闇の中でも十分活動ができます。このようにフクロウは聴覚と視覚が非常に発達した夜行性に適応した動物といえます。それから夜行性に適応したもう一つの特徴は、風切り羽の前縁と後縁にのこぎり状の刻みがあって、羽ばたきの音を消す役割があります。夜陰に乗じて音もなく羽ばたいて獲物に襲いかかる姿はまるで忍者のようですね！

ペリット使って生態を知る

さて、天王寺動物園では動物園の教育ボランティアがサマースクールやスポットガイドで、フクロウやワライカワセミの「ペリット」を使って、その動物の食生活や行動を解説しています。

ペリットとは、フクロウ、ワシ、タカ、カワセミ、コウノトリなどの肉食性の鳥類がエサのネズミ、モグラ、トカゲ、ヘビ、魚類などを丸呑みしたり、大きく引き裂いて呑み込むため、それらの毛、羽、嘴、爪、骨、鱗などが不消化物として吐き戻されたものです。このペリットをほぐして観察すると、どんなエサをどれだけ食べたかがわかります。

動物園ボランティアは子どもたちを相手にピンセットと実体顕微鏡を使って、これはエサのネズミの下顎骨、これは頭骨、大腿骨、肋骨……と言いながら楽しく解説をしています。

動物園では「吐き戻し」や「ウンチ」などの排泄物も立派な教材になるのですね！

27　フランソワルトンって何？

サル舎に忍者のような装束をした尾の長い真っ黒なサルがいます。フランソワルトンといいます。見たところ真っ黒なサルなので何の特徴もないように思えるのですが、樹上生活を専らとするリーフモンキーあるいはルトンといわれる種類で、天王寺動物園では過去にこの仲間のダスキールトン（昔は「しろまぶたざる」と呼んでいた）と、ハヌマンラングールが戦前に飼われたことがありました。

亜熱帯の森に生息

「フランソワルトン」はまたの名をフランソワラングールとかクロハザルと言い、中国名を黒葉猴（hei ye hou）とか烏猿（wu yuan）と言います。「樹葉を食べる黒い猿」という中国名は正にその名のとおりといった感じです。

『中国経済動物誌』でフランソワルトンを調べてみると、中国南部の広西壮族（クアンスーチュアン）自治区南部、南寧（ナンニン）からベトナム北部にかけての亜熱帯の森林に生息し、樹上で果実、葉、樹皮を食べ、水も樹葉に溜まったものとか、露を飲むと書かれています。群れはマントヒヒや他のラングールと同じように一頭のオスに数頭のメスと子どもで構成されるワンメールユニットをつくります。長い尾は体長より長く一・六倍ぐらいで、樹上を走り回るのにバランサーとしての働きがあります。しかし、長くてもオマキザルのようにものに巻きつけることはありません。

天王寺動物園ではフランソワルトンを四頭飼育していますが、非常に動きが俊敏で、この四頭が止まり木に横に行儀よく並ぶと長い尻尾だけが垂れ下がるので、まるで縄のれんというか、ちょっと形容しがたい面白い光景となります。

ところで、『中国経済動物誌』という図鑑は日本の魚類図鑑と内容がよく似ていて、皮革は年間何枚採れ、肉は食用にされるが食味がどうだとか、骨は漢方に使用されるとか、いかにも中国ならでの表記になっています。

フランソワルトンの近縁にシロアタマルトンがいます。中国名を白頭葉猴（bai tou ye hou）と呼んだり、花葉猴（hua ye hou）と呼んでいますが、フランソワルトンの肩、首から頭にかけての部分が真っ白です。亜種と思うのですが、『中国経済動物誌』では変異と呼んでいます。

親子で毛色が違う

この白頭葉猴が上海動物園、北京動物園で展示されているのを見て、親善動物として天王寺動物園に寄贈してくれないかと持ちかけたところ、中国第一級の動物で国務院や林業部、環境部、中国野生動物保護協会の各許可を経なければならないので無理だ、と簡単に言われた経過があります。中国へは公私で数回行き、白頭葉猴の写真を撮ったのですが、汚れたガラスや距離があって見直してみるとあまり上手には撮れていませんでした。

フランソワルトンのような葉食いザルの仲間、例えばリーフモンキー、ルトン、ラングール、

フランソワルトンの親子

コロブスなどはもう一つ興味のある特徴があります。それは赤ちゃんの毛色が親と全く似ていないということです。

最も顕著なのはシルバールトンで、親は名前のとおり銀灰色で、赤ちゃんは全身が黄金色をしています。クロシロコロブスの親は顔のまわりと尻尾が白い以外は全身が黒色で、赤ちゃんは全身が白色です。フランソワルトンの親はひげのあたりが白い以外は全身真っ黒で、赤ちゃんはオレンジ色です。そのため、初めてご覧になる入園者はたいがい、サルがぬいぐるみを抱いていると勘違いします。

保護を訴える色か

親子の間で羽色や毛色の違うのはタンチョウ、フラミンゴ、キジ、ペリカン、ワシなど鳥類で多いのですが、鳥類は明らかに巣立ちするまでとか、性成熟するまで周りの環境に溶け込むような保護色をしています。リーフモンキー、ルトンの赤ちゃんも子ども期に移るまでのおおむね六か月は非常に目立つきらびやかな色をしています。保護色というより目立つ色で、仲間に保護を訴えているのではないかと思われます。

天敵には目立つ色ですが、赤ちゃん期には可愛がってもらい、甘えさせてもらい、保護してもらう色のサインと思われます。六か月を過ぎると親と同じ毛色になり親と同じ行動ができるようになります。その頃にはもちろん甘えも悪戯も許されなくなります。

28　スナドリネコはフィッシング・キャット

スナドリネコのことを調べていて、古語辞典をひも解くと、万葉集に「沖辺行き　辺に行き今や　妹がため　わが漁れる　藻伏束鮒」という歌がありました。これは「愛しい貴女のために沖へ行ったり岸辺へ行ったりして藻の中に潜む鮒を捕っているよ」と表した歌ですが、今どき「漁る＝すなどる」と書いても、言っても意味がわからないのではないかと思います、現代人には……。

漁るヤマネコ

天王寺動物園には「スナドリネコ」というヤマネコがいます。インド、インドシナ半島、マレー半島、ジャワ、スマトラなどに分布し、沼、川辺の潅木林などに生息しています。外見はどう見ても日本猫のキジ猫みたいですが、ツシマヤマネコやイリオモテヤマネコとそう遠くはない近縁のヤマネコです。

お客さんにしてみれば「ヤマネコ」はヒョウなんかと同じく凶暴というイメージがあるのか、スナドリネコを見るとヤマネコとは思わないようです。近くで聞こえてくる声は決まって「近所の猫みたいや」なんです！

しかし、隣にいる同じヤマネコの仲間の「ウンピョウ」や「ゴールデンキャット」を見ると体も大きいこともあって、「これっ！〝ヤマネコ〟なんやて」と、声を荒げています。

また、スナドリネコの表示はカタカナで書いてあるため「漁＝すなどり」という言葉はどうも理解しがたく、魚やカニや貝を捕るという意味すら思いつかないようで、フィッシングキャットという英名とも連動していないようです。

ヤマネコ舎の一隅にあるスナドリネコの放飼場にはほかとは違う構造物があります。ヤマネコが入り込めるぐらいの手作りのプールですが、スナドリネコが来園した時に担当の飼育係がスナドリネコの名前の由来どおりに、本当にネコが生きた魚を捕食するのかを実証するためと、その採食のシーンを入園者に見ていただこうと設置したものです。今でこそ、環境エンリッチメントだ、行動展示だと騒いでいますが、天王寺動物園ではこのヤマネコが来園したときから採食行動を見せています。

ところで、このヤマネコの採食シーンをカメラに収めようと何度かチャレンジしました。前面が金網の代わりにガラスになっていてよく見えるのですが、ガラスのために却って反射の映り込みがあったり、オートフォーカスではなくアナログの手動ピント合わせのため、動きのすばやいヤマネコについていけず、ピンボケやヤマネコが画面に入っていなかったり、心霊写真のようにガラスに映った自分の写真が撮れていたりと散々です。

プールでコイを捕るスナドリネコ

毎朝、決まった時間に飼育係が生きたコイをプールに投げ込みますが、以前は小さなコイを数匹入れていたので、ネコの方も時間をかけて楽しんでいたようでした。しかし、最近は中型のコイを一匹だけしか入れないので、採食時間も短く、写真を撮るほうもチャンスが潤沢にあるわけではないので大変です。

高齢になると視力も落ちてきます。カメラのピント合わせの動作も俊敏さに欠けます。いつまでも大事にアナログカメラを持ち続けるのもいいのですが、カメラの開発や技術の発達にはかないません。やはり時代の流れ、いい瞬間を撮ろうと思えばオートフォーカスのカメラです。アナログのカメラより三倍は効率よく写真が撮れます。

鱗や骨までも

さて、現在、展示しているスナドリネコは一九九六（平成八）年九月にシンガポール動物園からペアで寄贈されたうちのメスで、子どもも生み、一〇歳以上になりますが、健康に暮らしています。

ところで、このメスのエサの採り方ですが、プールの縁に前足を掛け、ジッと狙いを定め片方の前足でコイを一隅に寄せ、水中に顔を突っ込んだかと見るや口に大きなコイをくわえます。このほかに水中をジーッと凝視し、突然前足を水中に入れると見るや横払いにコイをプールの外へ放り出してしまうという早技も見せてくれます。

口に余る二十数センチのコイをくわえ、放飼場の片隅に持って行き、パクパク、モグモグ旺盛な食欲で大きな鰭から鱗まできれいに食べてしまいます。朝のご馳走は生きたコイですが、夕方、寝室に入れられてからは鶏肉、鶏頭、牛肉を与えます。

ちょっと不思議に思って、骨や鱗など不消化物はハイエナやフクロウのようにペリット（不消化物のかたまり）として吐き出していないかと飼育係に尋ねると、ペリットは吐き出さないし、糞の中にも不消化な鱗は見当たらないということでした。

鱗や骨まで溶かす、すごい消化力ですね！

29　ゾウってすごいゾウ

図鑑などによると、ゾウの群れは、老練な力強いメスを中心に血縁関係のある成熟メス、若メス、子どもで構成される母系集団を形成しています。オスは性成熟前に群れから出てオスグループに入るか、ひとりオスとして生活すると書かれています。また、サバンナで生活するアフリカゾウは、乾季には水と草木を求めて群れが分散し、雨季には水と草木が豊富にあるため群れが集合すると書かれています。

ゾウは母系の集団

しかし、やや乾燥したアフリカ・アンボセリのサバンナで私が見た群れは、確かにメス中心の二〇頭以上の母系の集団でした。しかし、しんがりには大きなオスがペニスを出しながら付き従っていましたし、湿地では半身を水につかりながら、小さな群れがバラバラに採食していました。さらに、草の多いマサイマラでは二〇〜三〇頭の大きな群れではなく、小規模な群れが分散して見られました。図鑑などに書かれていることは平均的なことだとは思うのですが、実際、目にするといくらか違うようです。

天王寺動物園には一九五〇（昭和二五）年に来園したメス二頭「春子」と「ユリ子」（二〇〇〇年死亡）と、七〇（昭和四五）年の大阪万博の頃来園したメス一頭「ラニー博子」の三頭がいました。

当初、年長の春子がリーダーで順位も整理されていましたが、その後、年下のラニー博子が台頭しはじめ、年長の二頭にいたずらやちょっかいを出すようになりました。今から考えればラニー博子が一五歳を過ぎた頃から飼育係にアタックをしたり、年長のユリ子への威嚇が増えていたように思います。

そこで、安全確保のためエサの量を減らして再教育することにしました。長い時間がかかりましたが、手鉤と号令で前後肢の挙上、開口、鼻上げ、バック、回れ、待て、などができるようになり、ずいぶん安全が確保されました。それでもユリ子や春子へのちょっかい（威嚇？）は止まず、ユリ子を付け狙って背後から堀へ落とすということが二回もありました。

普段、ゾウは放飼場で遊んでいますが、一・八メートルもの深さがある堀に下りたことは全くありません。落とされると、体を起こすのにしばらく時間がかかるうえに、落ちたことで周りの景色がいつもと異なっているので、なかなか落ち着きを取り戻せず、それに、攻撃の恐怖感も残っているのか、放飼場にあがるスロープまでなかなか近づいてくれません。結局、堀で一晩過ごすということもありました。

闘争以外にも、高齢になった春子が、堀に落ちているエサを拾おうとしてバランスを崩し落

枝を食べるゾウ

ちてしまったことがありました。この時も、慎重で自分で上がろうとはせず、ようやくスロープまで近づいた春子の前足にロープを結び、大勢の職員で綱引きをして上げたことがありました。

いくら偉丈夫を誇るゾウといっても、やはり高齢になると堀に落ちたりすることが命取りになりかねません。このため、新しく建設したゾウ舎では、堀などのバリアをなくし、闘争回避、同居見合いや疾病養生などを勘案し、放飼場を仕切れるようにしました。

手の代わりをする長い鼻

話は変わりますが、ゾウの特徴は大きな体と長い鼻です。「ゾウの鼻はどうして長いの？」という相談がよくあります。その答えは、ゾウの長い進化の歴史を見るとわかります。

祖先は「モエリテリウム」というバクに似た動物でしたが、進化の途中で徐々に体が大きくなり、足も太くなり、イヌやネコのように自分の手足で首筋を掻いたり、顔を撫でたりできなくなりました。ますます不器用になったゾウは、いつの間にかそれに伴って鼻が長く伸び、その機能も進化して手の代わりをするようになりました。

鼻の先端で、人の指のようにマッチ棒をつまんだり、粉物まですくい集めたりできるようになりました。四〇〇〇万年の時間を経て、やっと今の形態と機能を獲得したのです。

ゾウをしっかり観察していると、鼻の器用さがよくわかります。エサにトウモロコシの仲間のソルゴーやヒエの仲間のミレットを与えますが、自分の口に入る量をちゃんと知っていて、草の束を鼻でさばいて適当な量を口に持っていき、草束の端をくわえて口の幅から余った部分は鼻で握ってもぎ取り、くわえ直して口の幅にもぎ取って食べています。

丸いカボチャやスイカを食べるときには小さいものは、そのままパクッ！と口に放り込んで、ムシャムシャ！ですが、大きいものになると足で軽く踏んづけて割って食べます。しかも、この際にあまり粉々にならないようちゃんと手加減ならぬ足加減をして割っています。

竹、笹、枝などは足で押さえておいて鼻で持ち上げ、へし折って口に入れます。落ち葉を拾い集める時は、電気掃除機の逆で鼻息を吹いて落ち葉を一か所に寄せ集め、鼻で摘んで食べます。

さらに興味深いことに、ゾウの鼻の動きには個体それぞれの癖があり、鼻先が左に湾曲して動く左利きのゾウ、右に湾曲して動く右利きのゾウがあります。ゾウって、やっぱり不思議な動物です。見ているといろいろな発見があります！　おもしろいゾウ。

30　イノシシの仲間

最近、なぜか芦屋川のイノシシの話題をあまり目や耳にすることがなくなりました。一時は住宅地でイノシシと遭遇したの、噛まれただの、突進されただのと、かまびすしいほど「芦屋のイノシシ」は有名でした。実は、三〇年程前まではほとんどそのようなことは聞かれませんでした。人が、イノシシの行動域に近接するように住宅開発や道路整備が推し進められたこと、ハイカーや観光客による投餌などが原因なのか、当たり前に市街地で野生のイノシシが見られるようになりました。以前、干支話のネタ仕込みと、雑誌掲載のために急遽、芦屋・高座の滝にイノシシの写真を撮りに行くことになりましたが、十分に事足りました。

ヒトと行動域が急接近

イノシシというと、毎年のようにヒトと遭遇して事故を起こしたり、畑を荒らしたりで駆除される〝危険な動物〟というイメージがあります。しかし、この芦屋のイノシシを見ている限りそのようなことは全く感じられず、むしろ母親とその子ども、それらの集合体の群れがエサを食(は)んでいるほのぼのとした光景です。そして、その群れの中を地元の高校生がジョギングで

サンディエゴ動物園のカワイノシシ

走り抜けたり、おじさんがエサ袋を持ってエサやりに来たりと、全く危険というものを感じさせず、まるで〝イノシシ牧場〟のような雰囲気でした。その後、人や環境の問題が取りざたされ、ゴミの始末、エサやり禁止がうるさく言われるようになり、イノシシの事故も減少し、イノシシも人の領域からいくらか撤退したようです。

　私の住む泉南郡岬町では毎年六月上旬になるとホタルが飛び交います。暗闇の中で光を点滅する様は、まさに光のオブジェです。数年前、ホタルの飛び交う沢をうっとり眺めていると突如、沢沿いの葦と雑草が激しく揺れ、「ガサッガサッ！」、「ドタッドタッ！」とすごい音を立てて、何かが逃げて行きました。明らかにイノシシと思われます。ちなみに、自宅から歩いて数分の山手にある畑では無数のイノシシの足跡が見つけられます。自然が多いと言えばそれまでですが、人の領域まで堂々と侵入するのは

鼻腔を貫くバビルサの犬歯

やはり山に食べ物がないのか、人の作物に味を占めて依存しているのか、いずれにしても悲しく思われます。

美しいカワイノシシ、異形のバビルサなど

さて、イノシシの仲間にはイノシシ属、バビルサ属、カワイノシシ属、モリイノシシ属、イボイノシシ属がアジア、ヨーロッパ、アフリカに分布し、中南米にもイノシシにそっくりなペッカリー属が分布しています。

イノシシ以外で皆さんがよくご存じなのは、イボイノシシだろうと思います。テレビのアフリカ動物ものにはよく登場します。体の毛はまばらですが、首から肩にかけて長いタテガミがあります。走る姿は殿様の「ちょんまげ」のように尻尾をピーンと立て、短い足で足早にかけていきます。

採食の姿勢も前肢の足を折り曲げ、這い蹲るよう

な姿勢で草の根や根茎類を掘り起こして食べます。近くで見るとオスは特に顔の横に「イボ」のような大きな突起物と犬歯が目立ちます。

カワイノシシは、イノシシの中で最も美しいものです。全体が明るい茶色の毛色で、背中の正中線と耳の縁取りと顔のまわりに白い毛があり、茶と白のコントラストは見事なものです。アメリカ・サンディエゴ動物園で見たときは、惚れ惚れして夢中でシャッターを押したものでした。

バビルサは、インドネシアのスラウェシ島に生息していますが、これの頭骨を見たときにはびっくりしたものでした。通常、イノシシの上顎の犬歯は下顎の犬歯と同様に上を向いて伸びていくのですが、バビルサの場合は上顎の犬歯が外に出ず上顎を突き破り、鼻腔をも貫いて鼻すじの上に「ニョキッ」と突っ立って巻いているのを見たときは、恐怖すら感じ、痛々しい思いがしました。

本物は南アフリカの動物園で見たのですが、ほとんど毛のない裸の体に、鼻から突き出た犬歯と、眼の虹彩の色が白人と同じように淡青白色という妙な取り合わせは非常に奇異に感じました。

世界にはいろいろな変わったイノシシがいるものです。

31　未知な動物・ミミセンザンコウ

「収斂(しゅうれん)」という言葉があります。広辞苑では、「収縮すること」と書いてあります。しかし、生物学的な解釈では、全く系統的に違う「目」や「科」の動物が距離を隔てて生息する中で、類似する形質（生態、形態、食性、機能等）を進化させ、「非常に近似していること」を言います。例えば、齧歯目のモモンガとオーストラリアに分布する有袋目のフクロモモンガ、新世界に分布する貧歯目のアルマジロと旧世界に分布する有鱗目のセンザンコウもこれに当てはまります。

センザンコウ（穿山甲）の名前は、中国名をそのまま和名にあてがったものですが、「山を穿って生活する甲羅を持った動物」という意味で、全身を硬い鱗で包まれています。センザンコウ属とアフリカセンザンコウ属の二属に七種類があり、中国、東南アジア、アフリカなどに生息しています。

今回ご紹介するのが、このセンザンコウの一種で、天王寺動物園が二〇〇四年に中国・上海市との動物交流事業で、上海動物園からいただいた「ミミセンザンコウ」です。一九五六（昭和三一）年八月に続き二度目のお目見えで、日本では、当園のほか、名古屋市東山動物園でも

ミミセンザンコウ

飼育されています。

「ミミセンザンコウ」ですが、中国の『瀕危野生動物図鑑』には、次のように書かれています。「全身を硬い鱗で被い甲羅のようである。頭の一部と腹と脚の内側には鱗がなく、まばらな硬い毛があり、鱗の間にも硬い長い毛がある。眼は丸く小さい。脚は短く、前・後肢の五つの指には強い爪を持ち、前足の強靭な爪でアリ塚を掘る。山ろくの草むらや丘陵の灌木林に穴を掘って生活し、夜行性で昼は眠っている。嗅覚はするどい。舌は細長く伸縮自在で粘り気のある唾液を出し、巣穴に舌を差し入れてアリを舐め採る。繁殖期は四月から五月で、一二月から一月にかけて子どもを生み、子どもは母親の背中に乗って運ばれる。昆虫食である」

硬い甲羅と可愛い目

当園では、夜行性動物舎で展示されていますが、いつ行っても木の洞に入っており、暗い舎内では全身を見る機会に恵まれませんでした。そこで、今回は、写真撮影を兼ね、十分観察してみました。

形態等は、ほぼ中国の図鑑やほかの動物図鑑どおりですが、とても可愛い目をしている印象を受けました。非常におとなしく、尻尾を持ち上げて移動させても、攻撃的なことはありません。当園のものは、いささかぎこちない歩き方をして、よく転ぶようです。転ぶとカメの甲羅をひっくり返した時のように、なかなか起きあがれないという滑稽な面も。

さらに、図鑑では驚いたり、襲われたりすると丸くボールのようになって身を守ると書かれていますが、当園のものは野生のものより四～五キログラム重く一一キログラムもあり、肥満気味なのかボールのようには丸くなりません。野生下のエサは、アリ、シロアリの成虫・幼虫・卵ですが、当園では、馬肉ミンチ一五〇グラム、牛乳一〇〇cc、ゆで卵の黄身一個、蟻酸二ccを混ぜた人工飼料を給餌しています。

薬効のある高級食材？

動物園では、ゆったりのどかに過ごしているセンザンコウですが、分布している中国や東南アジア、アフリカでは、食材、薬酒、漢方薬、装飾品に使われて、希少動物にもかかわらず、取り引きされているようです。荒俣宏氏の『世界大博物図鑑』によると、鱗は中国漢方として、中風、痘瘡、下痢、耳鳴り、アリに噛まれた際の治療薬、出産後の催乳促進剤として用いられると記載しています。

また中国では、センザンコウの肉は薬効のある高級食材として、珍重されているようです。その様子は、国立民族学博物館前館長の石毛直道氏が『ハオチー！　鉄の胃袋中国漫遊』で、あるいは、東京農業大学醸造学教授の小泉武夫氏が『中国怪食紀行』で詳細に紹介しています。人間の飽くなき欲望は、希少なセンザンコウの生息を危うくし、固い鱗まで剥がしてしまうのかと今さらのように呆れてしまいます。もともと珍しい野生鳥獣を食材とするのは、高級料理としてのステータス、それに不老長寿、滋養強壮の薬効をして信じてのことのようです。

確か二〜三年前、中国の南部を中心にＳＡＲＳ（重症急性呼吸器症候群）が流行し、患者や死亡者が出たことは記憶に新しいと思います。その時の患者は、ハクビシン、ジャコウネコ、ヤマネコなどを扱う動物商や野味料理を食する人たちが中心であったように、記憶しています。クスリ（薬効）とリスク（危険）は、隣り合わせ。ＳＡＲＳや鳥インフルエンザなどで、自然は、欲望の追求に明け暮れる貪欲な人間たちに警告しているのかも知れません。可愛いセンザンコウの目には、どう映っているんでしょうか？

第4章　自然保護

32　よみがえったカリフォルニアコンドル

二〇〇〇年に機会があってカリフォルニア州のサンディエゴ・ワイルドアニマルパークを訪れました。

そこで完成して間もない「コンドルリッジ」というコンドルの棲むカリフォルニアの山岳地帯を再現した展示を見てたいへん感動しました。というのは図鑑や写真集でしか見たことがないカリフォルニアコンドルを自分の目で見ることができたことです。

目の前には絶滅の危機が高いと言われている希少な大型鳥類が大きな翼を広げて四羽も展示されていました。それも一羽一羽の年齢が違っており、年齢に応じて頭の皮膚の色や目の虹彩の色が違っていたことです。

二歳ぐらいの頭の黒いコンドルが二羽、やや頭が赤くなりかけた四歳ぐらいのが一羽、頭が赤くなった五歳以上が一羽で、解説パネルにも丁寧にその違いが記されていました。

絶滅危機の鳥類、大きさに衝撃

「コンドル」といえばフォルクローレの「コンドルは飛んでいく」でおなじみのアンデスコ

カリフォルニアコンドル

ンドルぐらいしか知らなかった私にとって、同じぐらいの大きさのコンドルがカリフォルニアにいると知ったのはそんなに古いことではなく、実際、目の当たりにした時はあまりの大きさに衝撃を受けました。

この「コンドルリッジ」はワイルドアニマルパークの高台にあって、自然の岩山を巨大なゴルフの打ち放し場のように金網で囲ってありますが、ケージの外で野生のヒメコンドルが飛んでいる姿にもびっくりしました。

カリフォルニアコンドルは一九五三年に生息数が六〇羽と推定され、八一年に合衆国魚類野生生物局が全羽捕獲を決定してから、八二年には二一羽が確認され、八七年に捕獲したところ二七羽が確保されました。昔は数百羽もいたとされていますが、直接の狩猟や、銃猟されたシカやビッグホーンに含まれる鉛弾からくる鉛中毒、毒物のストリキニーネで死んだ死体の腐肉食、高圧電線への衝突や感電などで減少し、いよいよ二一羽に至ってようやく保護に乗り出しました。

この保護した二七羽をロサンゼルス動物園とサンディエゴ・ワイルドアニマルパークで分散し、人工孵化を図りました。その甲斐あって九一年には五二羽に増加し、九二年より初めて二羽を野生復帰させました。以来、着実に増加して九六年には九〇羽に達し、二〇〇一年には野生復帰も五七羽となり、現在、飼育下も野生復帰も含め一七〇羽までになりました。

野生復帰めざし涙ぐましい努力

ここまで成績を上げるにはたいへん涙ぐましい努力があっただろうと思われます。ロサンゼルス動物園でカリフォルニアコンドルの人工孵化場を見せてもらった時のことですが、みんなでガヤガヤと人工孵化場に近づくと、担当の若い女性から「静かにしなさい」と叱られました。孵化したヒナの人への刷り込みを防止するため、人工孵化場ではいっさい私語を交わさず、靴音を忍ばせ、ヒナには人の姿を見せないようにパペット人形（全身もしくは腕から先を親鳥に似せたレプリカ）でヒナのエサやりや羽づくろいなどを行い、初認するものをコンドルと思い込ませる工夫をしています。

物音と言えば孵卵器や育雛器の室内ではBGMとしてカリフォルニアの山岳地帯の虫や鳥の鳴き声、川の瀬音、風のそよぎなど環境音を聞かせていました。人工育雛するとは言え、人に刷り込まれたのでは元も子もありません。将来、正常な繁殖をさせるためにはこれほどの徹底した厳しさが必要なのです。

さて、日本では純粋な日本産「トキ」は絶滅しましたが、ツシマヤマネコは福岡市動物園の努力で今までに二三頭も繁殖させています。イリオモテヤマネコは野生の生息数が推定一一〇頭と聞いていますが、飼育下での繁殖は聞いていませんので、早めに手を打たないと取り返しのつかないことになるのでは、と心配しています。

33　ナベヅルの渡来と北帰行

ナベヅルとマナヅルの渡来越冬地として有名な鹿児島県出水（いずみ）市から、二〇〇五年二月一一日にマナヅルの北帰行の第一陣四三九羽が北のシベリア、中国東北部を目指して飛び立っていきました。これから三月末にかけ天候の良い日を選んで順次帰っていきます。

二月といえばまだまだ寒さが厳しく、日本各地ではまだ雪もあちらこちらで降り積もっているという時期に何故、今頃から厳しい北へ帰っていくのでしょうか？

暖かくなれば北の方もエサが豊富になり、しのぎやすくなると思われるのに不思議ですね？聞いたところによれば、これから日照時間が日に日に延びていきますが、この日照時間とホルモンの関係だとか、早期に繁殖地に帰って自分に好条件の縄張りとエサの確保のためだと言われています。

二〇〇四年一〇月から〇五年一月にかけて鹿児島県出水市に渡来したツルの数は、一月八日が最高で一万一八三九羽でした。その内訳はナベヅル九四三二羽、マナヅル二三九七羽、クロヅル二羽、カナダヅル三羽、タンチョウ一羽、アネハヅル一羽、ナベクロ雑三羽で史上四番目に多い羽数だそうです。

ナベヅルの親子

全生息数の九割が出水で越冬

ナベヅルだけの数を考えてみても、世界中のナベヅルの九割以上がこの出水で越冬しているのではないかと思われます。というのも比較的新しくて信頼できる図鑑などでは、野生のナベヅルの生息数を九四〇〇〇羽～一万羽と表していますので、二〇〇五年の九四三二羽という数字は言わずもがなです。

この驚異的な数字は長年の餌付けの努力による賜物です。ちなみに出水への渡来の変遷を追ってみましょう。

大正時代の一九一〇年頃から二〇年頃には何千羽という数が渡来したように書かれていますが、記録のある鹿児島県ツル保護会の資料では二七年の四〇〇羽から徐々に増加し、三九年では三九〇〇羽までになりました。この間三〇〜三五年は不明で記載が無く、四〇〜四六年は戦争のため調査ができていません。

戦時中から朝鮮戦争後にかけては渡りのコースや越冬地が不安な状態になったため、またしても激減し、六一年からようやく回復の兆しが見え、五四（昭和二九）年頃から本格的に餌付けを開始したこともあって飛躍的に増加して、八〇（昭和五五）年頃には四〇〇〇羽を超えるまでになりました。九〇年頃からは一万羽を超える羽数となり、現在もその羽数を維持しています。

途絶える越冬地を危惧する声も

日本ではもう一か所、越冬地として有名なのは山口県周南市八代町ですが、古い八代村役場の記録では一八六八（慶応四）年頃に五〇羽、一九二一（大正一〇）年に一〇〇羽、四〇（昭和一五）年に三五五羽の最高羽数を数え、七五（昭和五〇）年頃までは一〇〇羽を超えるナベヅルが八代に渡来していました。しかし、近年は減少傾向が続き、二〇〇三（平成一五）年には一一羽、〇四年には一三羽となり、渡来越冬が途絶えるのではないかと危惧されています。

出水では超過密状態で、一方、八代では消滅寸前になっている現象を自分なりに考えてみますと、出水では早くから保護の目的で一個人が始めた餌付けが市民運動まで発展し、いつの間にか巨大な越冬地を作りました。シベリア、中国東北部で繁殖したヒナが両親と一緒に渡来と北帰行を繰り返すうち、新しいパートナーを見つけて、また渡来と北帰行を繰り返し雪だるま式にその数を増やしていきました。出水はエサが豊富であること、安全であることなどが家族や群れに刷り込まれ、その数を増やしたのだと思います。

反面、八代のナベヅルは繁殖地に向け、春に北帰行をしますが、繁殖地では出水の群れとも合流しますので、越冬の季節毎に徐々に出水へ引きずられていくのではないでしょうか？

過度な保護給餌も過密化の一因

出水のツルの過密化については、過度な保護餌付けと越冬地が観光資源化していることも要因と考えられます。また、現在の状況は感染症などの集団発生の危険性があり、その種の存続をおびやかすことにもなりかねませんので、国では〇三年になってようやく分散化についての方策を打ち出しました。

その方策は、出水での給餌制限や強制移動、八代（山口県）、中村（高知県）、有川（長崎県）、伊万里（佐賀県）の渡来地の誘引条件と環境条件の整備のほか、人的条件なども整備するとしています。国も県も施策のスピードアップを図らないと一刻の猶予もないと私は思います。

34 繁殖に成功したツシマヤマネコだが…

ヤマネコというと「イリオモテヤマネコ」と思い浮かべる人が多いのですが、歴史的には「ツシマヤマネコ」の方が古くから調査され、すでに一九〇八年にロンドン動物学協会にツシマヤマネコのことが記載されています。

イリオモテヤマネコについては一九六〇年代半ばに琉球列島の西表島(いりおもて)でヤマネコ毛皮が入手され、新種ではないかと噂が持ちあがり、六五年に動物作家の戸川幸夫さんが頭骨と毛皮を現地から持ち帰って、日本哺乳類学会理事長の今泉吉典氏に鑑定依頼したところ、新属新種であると発表したことから沸き返り、一躍その名が有名になりました。そういうことから知名度ではイリオモテヤマネコの方が勝っています。

日本でヤマネコが生息するのは西表島と対馬だけで、本州、九州、四国、北海道にはいません。しかし、どうして西表島と対馬だけなのでしょうか?

今から数十万年前の洪積世(更新世)は氷河期の時代で四回の氷河期が繰り返され、大陸と日本が繋がったり離れたりしていました。この時代に大陸からツシマヤマネコが渡ってきて、対馬に取り残され定着したものと思われます。本州、九州にも入っていたようですが、小型のヤマネコと大型のヤマネコの化石がごくわずか出土しているのみで、早い段階で本土のヤマネコは絶滅してしまったようです。

環境保全が十分されず減少した

さて、ツシマヤマネコについての生息数は、対馬高校の浦田明夫先生らが六〇年代後半に全島調査を行って二五〇頭と推定しました。その後、八五～八七年度に環境省が行った第一次生息特別調査では約一〇〇頭前後とし、九四～九六年度に行った第二次生息特別調査では七〇～九〇頭と推定しました。ここまで減少した原因は、やはり環境が十分に保全されず放置されていることに問題があろうかと思われます。

対馬は全島の八八パーセントが山林で、このうち九二パーセントが民有林となっています。山の荒廃は二次林の全てをスギ、ヒノキの人工林に転換してしまったこと、働き手の青壮年層が島を離れ、人口も最大時の六〇パーセント四万二〇〇〇人に減少し、高齢化と過疎化が進んで、山の世話ができなく放置されていることが原因と考えられます。田畑も休耕田が増え、そのため蕎麦や麦、米、イモ、豆の収穫が減り、それに伴ってネズミや鳥類も減少し、食物連鎖の頂点に立つヤマネコまでが影響を受けています。

この他の原因としては、道路などの開発が獣道やテリトリーを分断し、環境の激変がヤマネコに戸惑いを与え、このため交通事故死が増加しています。交通事故は同じようなところで多

ツシマヤマネコ

発しており、道路と彼らの活動拠点が近接しているところだと考えられます。親離れした亜成獣が経験を積む前に事故に遭遇している例が多いことも報告からうかがえます。

また、イエネコ、ノラネコから感染症をうつされている可能性も高いことが保護収容された個体からもわかっています。

動物園在職中に、ツシマヤマネコの保護増殖と野生下へ再導入する環境省の会議に専門委員として数度出席しましたが、死亡件数とその原因を知った時、同じことを繰り返さないため再導入する前には必ず綿密な調査を行い、徹底的にその原因を除去する対策を講ずるよう要請しました。

さて、福岡市動物園では環境省の委託を受けて人工繁殖研究に取り組み、九九年までに繁殖のベースになるオス三頭、メス二頭の計五頭を確保しました。そして二〇〇〇年に初めてメス一頭が繁殖し、以来五ペアの組み合わせで〇四年までに一一回一九頭の繁殖があり、一三頭が成育し、二九頭が登録されています。

保護増殖は野生再導入も考えて

〇五年現在、福岡市動物園では一四頭が飼育され、六頭が対馬野生生物保護センターに送られ、計八頭が保護センターで飼育されています。福岡市動物園が繁殖に成功したのは、ネコ科動物の飼育に精通していること、ヤマネコの習性、行動を研究したうえで繁殖ケージにその要素を反映させたこと、例えば入園客の目を遠ざけ、関係職員以外を立入禁止にして隔離飼育したこと、食性も考え、ケージ内にヤマネコが好む植栽を施したこと、将来の野生再導入を考え、生き餌の投与と週二回の絶食日で肥満防止や野生本能の高揚を図ったことなどです。

福岡市動物園の成功は希少動物の絶滅に歯止めをかけたという功績は素晴らしいものがありますが、困ったことに順調に繁殖すればしたで、収容施設が足らないという問題が起こっており、現在、余剰のヤマネコの引き受け園を探している状況です。

動物園には希少動物の種保存という目的がありますが、特別天然記念物といえど余剰になってくるとその収容問題に頭を抱えているのはいずれの動物園も同じです。

35　気難しい鳥コウノトリ

純白の体に黒い縁取り、翼を広げれば二メートル近く、たたずむ姿はタンチョウにそっくり！　コウノトリは画題としては恰好の素材で昔から丹頂鶴と間違えられて、「松上の鶴」として掛軸や襖絵、屏風に描かれていました。安物の骨董屋や美術画廊でタンチョウとコウノトリの区別のつかないごちゃ混ぜになったそれらのものを見かけることがあります。

ツルは早成性の鳥で地上に営巣します。反対にコウノトリはやや晩成性で樹上に営巣します。従って松の樹上で営巣し子育てをしているタンチョウの絵というものは存在しないのです。ただ、但馬や若狭、北陸の方では昔からコウノトリを「鶴」と呼んでいましたし、営巣する森や山を「鶴山」と呼んでいるところがいくらでもあります。

日本では数年前までコウノトリをニホンコウノトリと呼び、英名でもJapanese white storkと呼んでいました。しかし、日本産のコウノトリがいなくなった現在、和名もコウノトリ、英名もOriental white storkとかEastern white storkと呼び、学名もCiconia ciconia boycianaからCiconia boycianaに変わりました。

二〇〇四年一二月末の調査では日本にいる飼育下のコウノトリは二〇四羽で、〇五年末にはこの数を超えるものと思われます。しかし、一五〜一六年ほど前までコウノトリの繁殖は順調に行かず、どこの動物園でも如何に繁殖させるかと頭を悩ませ、試行錯誤を繰り返していました。

天王寺動物園も同様でしたが、しかし基亜種であるシュバシコウ（別名・ヨーロッパコウノ

コウノトリの親鳥（手前）と若鳥

トリ Ciconia ciconia）の繁殖は一九六四年五月に天王寺動物園が日本で初めて成功して以来、順調に繁殖し、シュバシコウの供給元となるぐらいの成績を修めていましたので、コウノトリの繁殖は何とかなるだろうと気軽に思っていました。

相手を殺すほど激しい気性

七八年一一月以来、上海市からは都合三度、コウノトリが来園しましたが、相性が悪くペアリングがうまく行かなかったり、シュバシコウの繁殖経験に基づいて建設したコウノトリ舎に欠陥が判明し、改造工事を余儀なくされるなどアクシデントに見舞われ、繁殖は程遠いものでした。

コウノトリは非常に気性がきつく、相性が合えば繁殖にも好成績を挙げますが、相性が合わないと一瞬にして後頭部に一撃を与えて即死させてしまうか、追い立てて激突させてしまうほどです。人に対しても顔や目をめがけて攻撃を仕掛けるほどの気難しい鳥です。

さて、新しいコウノトリ舎は面積三三〇平方メートル、高さ一三メートルのケージに八メートルと九メートルの高さの巣台を四基設置しましたが、面積の割りに高さがあり、巣台へ飛び上がることはできても舞い降りてくるのにアプローチが足らない、孤を描くにも面積が足らないという欠陥から、金網に激突し頭部や頚部を損傷して死亡する例が発生しました。そこで繁殖している上海動物園や豊岡市のコウノトリ飼育場を再度調査し、目隠しは必要だが巣台の高さは一・五〜二メートルくらいで十分で、あまり高さはいらないと教えられました。そこで巣台を地上に設置し、三・五メートルくらいの高さに天井ネットを設置しました。するとそれ以降、損傷事故もなく落ち着き、繁殖を始めるようになりました。

オスメスとも羽色が美しく

繁殖期を迎えるとオスもメスも羽色のコントラストが際立って美しくなり、また、目のまわりや喉のあたりの皮膚の裸出部は見事な鮮紅色となります。コウノトリはツルやほかの鳥のように鳴管が発達しておらず、そのため「コウ、コウ」「クック、クック」と鳴くことができず、「クラッタリング」といって嘴をカスタネットのように「カタ、カタ」と打ち鳴らしてコミュニケーションを図ったり、翼を広げ、体をのけぞらせて精一杯のディスプレーをして繁殖へ結び付けて行きます。

その結果、天王寺動物園では九三年から八回の繁殖で二五羽生産し、一四羽が国内数か所の動物園で今も元気で飼育されています。

さて、兵庫県豊岡で七一年に最後の日本産のコウノトリが死亡しましたが、その後、多摩動物公園が導入した外国産のコウノトリが八八年に初めて繁殖して以来、〇三年一二月末現在の繁殖孵化数は天王寺動物園、多摩動物公園、コウノトリの郷公園を合わせて通算二七四羽になります。

36　人間のエゴの犠牲？　ヌートリア

十数年ほど前にコアラのエサのユーカリ栽培を依頼している岡山県に出張した時のことです。帰化動物（現在は移入種とか外来種とか言いますが）のヌートリアがここでは広く生息していることを知っていたので、もし、チャンスがあれば遭遇するかもしれないと期待しながら路線バスの中から豊かな自然が残されている田園風景を眺めていました。すると川面に一筋の航跡のようなものが見えました。一瞬でしたが、まぎれも無く「ヌートリア」のものと確信しました。天王寺動物園では長年にわたりヌートリアを飼育しているので、形態や泳ぐ姿など脳裏に焼きついていますので見まがうはずがありません。しかし野生下のヌートリアを見たのは初めてなのでいささか興奮しました。

ヌートリアは毛皮の名称

ヌートリアは、アルゼンチンのほかブラジル南部、パラグアイ、ウルグアイ、ボリビア、チリの川、沼沢、池、湖に分布する大型のネズミの仲間です。学名の「ミオカスター・コイプMyocastorcoypu」は、ギリシャ語でネズミ・ビーバーという意味があります。一般には英名

日本でも養殖されたヌートリア

でコイプといい、ヌートリアという名前は毛皮の名称として使われています。スペイン語ではカワウソのことをヌートリアと呼びますが、それが間違ってコイプをヌートリアと呼ぶようになりました。

野生では、通常、ペアで生活していますが、時には十数頭の大きなコロニーを形成し、沼や湖の畔、川の土手などにトンネルの巣を作っています。泳ぐのが上手で五分間も潜ることができます。エサは専ら水生植物の葉、茎、根と河畔の葦、イグサの根塊ですが、天王寺動物園ではサツマイモ、ニンジン、リンゴ、白菜、キャベツ、パンなどを与えています。

中南米は齧歯目の宝庫です。最も大きい種類はカピバラで優に四〇〜五〇キログラムあります。このほかアグーチ、パカ　パカラナ、マーラ、フティア、ビスカーチャ、チンチラ、テンジクネズミと枚挙に暇が無いほど多くの種類がいます。そして多くが食用や毛皮として飼育されたり、また、狩られています。

毛皮用に日本で四万頭飼育

ヌートリアは一九〇〇年代当初、主に軍隊の防寒用毛皮の養殖用として原産地から北アメリカ、アジア、ヨーロッパへ輸出され、日本でも四万頭が飼育されていたといいます。戦後、毛皮の需要が無くなり放逐されたものが野生化して田畑の穀類、根菜類に被害を与え、狩猟鳥獣として期間、場所、頭数を定めて駆除されています。

天王寺動物園のヌートリアは、移入動物コーナーで展示されています。ここではヌートリアのほかにミシシッピーアカミミガメ（ミドリガメ）、アメリカザリガニ、カダヤシ（タップミノー）の四種類の移入動物（帰化動物）が展示されていますが、ザリガニは野生のゴイサギに狙われたり、カダヤシはアカミミガメに食われたりで、食物連鎖も目の当たりに見せてくれ、生きた教材となっています。

また、このコーナーでは動物の解説が江戸時代にタイムスリップしたかのように、桧皮葺の軒が付いた木製の高札に江戸文字で書かれており、移入種を遺棄することをたしなめた高札では「告」として次のように書かれています。

「ここに飼はれし動物たちは『移入動物』此れすなわち人の手により異国の地から渡来し、

日本にて野生化した動物たちの一群なり。この移入種の反映により、あるものは住処を追われ、あるものは食い尽くされ、あるものは雑種が生じ、今や多くの日本産動物が危機を迎へている。しかし、これら移入動物に罪はなし、人の手により故郷より連れ去られ、人の手により日本で捨てられ、生き抜いた果てに悪者と称される。彼等もまた被害者の一人なり」

何か人間のエゴが身につまされるようです。

37　舐められた子ジカの肛門

六月は繁殖シーズンです。キジ、ツル、サル、草食獣などが次々と子どもを生みます。六月の第一週は近畿各地の動物園でニホンジカ誕生のニュースが取り上げられていました。

報道ではニホンジカ誕生の第一号は奈良公園のシカからと決まっており、季節の風物詩となっています。奈良公園の奈良鹿愛護会に聞いたところによると、二〇〇五年の第一号は五月一〇日に生まれたということです。そして毎年、二百数十頭の可愛い赤ちゃんが生まれていま す。ちなみに二〇〇四年には二三六頭が生まれ、奈良公園内で総数一二三五頭のニホンジカが確認されています。

神獣霊獣として神社仏閣で保護

シカは洋の東西、人の生活領域近くにいて、神獣として、あるいは狩猟獣として身近な存在となっています。ヨーロッパでは鹿狩りを行ったり、蓄養して食肉として利用したり、あるいは植民地に移入してゲームハンティングとして楽しんだりしています。

元来、大型の哺乳類がいなかったニュージーランドにはイギリス人が持ち込み、ハンティン

ニホンシカ

グとして楽しんだアカシカは現在、外来動物として生態系を破壊し、ニュージーランド固有の動物を圧迫するなど問題となっています。

日本では古来から神獣、霊獣として崇められ、神社仏閣の境内、領地内に愛護（保護）されてきました。有名なのが奈良公園、厳島神社、金華山などです。特に白鹿は瑞兆として全国各地から朝廷に献上され、これらの記録が『日本書紀』、『続日本紀』などに残されています。

また、昔の百科事典に当たる『本草綱目』などにはシカの生態、行動、繁殖などが詳しく記載され、漢方としての鹿茸や、食肉としての価値も記載されています。これらは今の動物百科事典となんら遜色はありません。

戦後の山林行政で山へ追われる

シカは元来、平地の動物で、里山、河原、河畔林などに草や葉を求め、生息していましたが、田畑開墾、宅地の造成、道路や河川の改修によって住処を追われ、どんどん山へ追いやられてきました。山も初めの頃は天然林や二次林が残されていましたが、戦後の山林行政でヒノキ、スギなどに転換したことと、山林が半ば放置されたためスギ、ヒノキの高木が樹冠を形成し、そのため林床に陽がささず、シカのエサになる植物が育たなくなりました。

そのためシカがより山の奥地へ移動し、山のササ、カシ、シイ、ブナ、トウヒ、ミズナラなどを求め、それが食害として、また、環境問題として取りざたされるようになりました。このため大台ヶ原、丹沢、日光などでは元来の原生林の様相が変化してしまい、シカの殺処分問題にもなっています。

天王寺動物園では、コアラのユーカリを和歌山県日高郡のミカン畑の近くに数万本を植えています。植栽して十数年を過ぎましたが、当初はシカの被害などほとんどなかったのに、最近は苗を定植した周囲をネットで張り巡らし、自衛をしています。ユーカリはコアラ以外に一部のカンガルーしか食べないといわれていたのですが、ネットをしないとシカに若苗が全部食べられてしまうということです。やはり山が荒れているのでしょうか？

さて、シカの舐め癖について珍しい事例を経験したのでご紹介します。草食獣は生まれると母親が胎膜をきれいに舐め取り、清潔にし、体を乾燥させ体温の上昇を図ります、また、舐めることや匂いをかぐことで母親と仔の認知を行います。

今から二十数年前の話ですが、ニホンジカの赤ちゃんが生まれ、母親が一生懸命体を舐め取り甲斐甲斐しく世話をしていました。すると近くにいた若メスや別のメスもその赤ちゃんの肛門周囲を集中的に舐めたために肛門括約筋が欠損し、肛門としての機能が失われ、腹腔内に没入寸前の状態となりました。

一刻の猶予もならず、このままでは腹膜炎などを起こし、生命の危険性もあることから、生後二日目にこの赤ちゃんを取り上げ、若手獣医師の開腹手術により直腸を引っ張り出して、人工肛門を作りました。手術はうまく行き、半月後には人工肛門も十分機能し、遜色ないまでに回復しました。

この事例で反省点として考えられることは、ニホンジカは母系集団で若メスには育児見習いのようなヘルパーの習性がうかがえること、舐め癖が悪癖として群れ全体に広まったこと、子どもが逃げ隠れするシェルターを十分用意していなかったこと（自然では哺乳から哺乳までの間は草むら、倒木の陰に潜んでいる）、早い段階で親子だけ隔離することに気付かなかったことなどがあげられます。

それにしてもたった二日で肛門が舐めとられてしまうなんて、ビックリしたことはもちろんですが、貴重な体験をさせてもらいました。

38　よみがえるタイガース？

リーグ優勝翌年に来たセンイチ

天王寺動物園には「センイチ」と名付けられた「アムールトラ」がいます。「センイチ」は二〇〇三年一〇月に東京都の多摩動物公園からブリーディングローン（繁殖を目的にした貸借契約）でやってきました。「センイチ」の名前は多摩動物公園のトラ担当のキーパーさんが大の阪神タイガースファンで、当時の監督「星野仙一」にあやかって名付けたそうですが、「センイチ」の名前を使うにあたって、予め星野仙一事務所に了解をとったと聞いています。

来園したのは阪神タイガースがリーグ優勝した年の一〇月で、「星野仙一」効果のご利益で入園者がちょっとでも増えるように、翌年も阪神タイガースが優勝して、阪神地域に経済効果をもたらすようにと借りてきました……。

というのは本来の目的ではなく、当園の年長のメスとの間でアムールトラの増殖を図る目的で五か月令のオスの「センイチ」を借り受けたのです。

以来二年が経ちますが、今ではすっかり大人の体となりほぼ一人前です。そのお蔭か、ようやく念力が出てきて、二〇〇五年のタイガースは快進撃です。七月一二日に早くも五〇勝の一番乗りをし、一六日現在、五二勝三二敗三分けで、勝率六割一分九厘でリーグ一位となっています。この紙面が届く時にはどういう結果になっているかわかりませんが、往時の力強さを見たいものです。

武運長久のお守りにされた時代も

さて、タイガー（ス）とライオン（ズ）とどちらが強いかというような、野球に引っかけたつまらない動物相談ではないのですが、この類の質問はマスコミ関係からも結構あるものです。もし、古代ローマの闘技場でトラとライオンが戦ったとしたら、やはりタイガー（ス）でしょう……とお答えします。

何故なら体格の差はほとんどありませんが、トラは獲物の獲り方、生活の様式など、単独生活で飢えにも強く、大きい獲物ではヘラジカ、イノシシ、シカなどを狩り、獲物がなければ無脊椎動物の昆虫までも獲り、執拗な追跡と待ち伏せで単独で攻撃する不屈の闘志の持ち主です。

ライオンは母系の社会を構成し、獲物を獲るのは専らメスで、グループで役割分担をして連係プレーの狩りをします。その間オスライオンは子守をするか、外敵のオスライオンが近寄ってくれば追い払う程度で、怠惰な？生活をしています。そういうことから考えると、やはりトラが一番強いということになるでしょうか（本当はそうでしょうが、いささか偏見があることを

アムールトラ

お断りしておきます）。

今から二〇年前の吉田監督時代の優勝の頃にマスコミからトラのヒゲなり、毛がお守りやおまじないになるのではないか、といった問い合わせがよくありました。当時はそれらの採取や配布はお断りをしていました。

念のために古い新聞のスクラップを調べてみると、三七（昭和一二）年一一月二七日付『関西中央新聞』に「動物園の虎、大人気、虎の毛が続々出征」という五段抜き大見出しで報じられているのが見つかりました。これは日中戦争で中国に出征する兵士に、お守り代わりに虎の毛を肌につけていると有効な弾丸除けと、武運長久、猛虎のような果敢な奮戦力を発揮するという意味合いのもので、「千人針」の類と同様で何の根拠もないものです。しかし、当時は何でも国威発揚と精神の高揚に使われていました。

世界的なつながりで保護事業

余談はさておいて、ビッグキャットといわれるトラが極度に減少しています。一〇〇年前には地球上に一〇万頭もいたといわれていますが、現在は推定で五〇〇〇頭ばかりで、すでにバリトラやカスピトラは絶滅しています。

このうちインドのベンガルトラは五〇年前に四万頭といわれていたものが、現在は三五〇〇〜三七〇〇頭に激減しています。アムールトラ（中国の東北トラ）は約四五〇頭、インドシナトラは約五〇〇頭、インドネシアのスマトラ島のスマトラトラは約五〇〇頭、中国の華南地方のアモイトラ（華南トラ）は三〇〜四〇頭以下という数です。これらは毛皮、漢方薬、浸漬酒などを目的とする乱獲が原因です。

近年になって中国の大きな動物園ではベンガルトラ、アムールトラ、アモイトラの三種類を比較展示して啓発し、特に上海動物園や広州動物園ではアモイトラの繁殖に力を入れて、着実に増殖の成果を上げています。北京など北方の動物園ではアムールトラの繁殖を盛んにしています。また、現在、タイガープロジェクトといって世界的なつながりでトラの保護事業の取り組みが行われています。

「トラの地肌はどうなっているのでしょうか？」という質問もたまにあります。これが結構難しいのです。

例えばシマウマの地肌は、白地に黒縞模様と言っていますが、丁寧に剃刀で剃ると黒い縞模様の部分は黒い毛穴や毛根が残るのでやや黒く見えますが、厳密には白い毛も黒い毛も淡い肌色の皮膚に生えているので、肌色が正解です。これと同様にトラの毛も剃ってみれば同様に淡黄色の地肌が見えました。

39 クロサイのサッチャン

乱獲で激減した野生下のサイ

天王寺動物園のクロサイは希少なヒガシクロサイです。現在、日本では七園で二三頭（二〇〇四年調査）が飼われており、世界の動物園でも五七園で二〇一頭（〇一年調査）しか飼育されていません。野生下では以前二七〇〇～二八〇〇頭といわれていたものが、やや回復して三一〇〇頭といわれています。昔は数万頭という単位で生息していたのですが、漢方薬や装飾品のために密猟、乱獲され現在の生息数になりました。

当園には「サッチャン」という一九七二（昭和四七）年二月生まれのメスと、「トミー」という八二年一〇月広島市安佐動物公園生まれで八九（平成元）年九月に来園したオスがいます。サッチャンは動物園二世で彼女自身の繁殖成績もよく、パートナーのオスは二代目ですが、一代目のサイオウとの間に一頭と、二代目トミーとの間に死産二頭を含め六産、都合七産しています。サッチャンも三四歳になりクロサイの寿命四十数年から考えると高齢といえますが、あと一～二産はしてほしいものだと思っています。

クロサイの親子

クロサイやシロサイの激減はサイ角採取を目的とした乱獲が原因です。サイ角が何に使われるかというとアラブ系民族、特にイエメンの国では富み、権力の象徴として、アラブ特有の半月刀の形をしたナイフの柄に金の装飾を施したサイの角を用いることがステータスとして尊ばれていました。また、香港から中国に入ったサイ角は解毒、強壮作用があると信じられ、漢方薬として、あるいはトロフィーや杯、筆洗いなどの美術工芸品として精緻な彫刻が施され、一部の特権階級に用いられました。

サイ角がそんな風に使われているのを初めて知ったのはニューヨーク・ブロンクス動物園の

サイ舎のディスプレーで、サイの乱獲や密猟を非難、警告をしていました。トロフィーや杯の本物を間近に見たのは天王寺美術館のカザールコレクションで、台北の故宮博物館でもサイ角のトロフィーが展示されていました。あまりに精緻な作品に戦慄が走ったほどでした。

角は皮膚と毛が変化したもの

動物にはいろいろな形や構造を持った角があります。サイの角は中実角といい、皮膚と毛が変化したもので、骨の隆起や芯というものがありません。当初、サイ角は漢方薬に使われることしか知りませんでしたが、その漢方薬にしても、角が皮膚と毛の変化したものなので蛋白質やコラーゲン程度しか考えらません。だから効能があるのかと疑問を感じるのですが、先輩の高名な先生が試しにサイ角の繊維を煎じたり、粉にして飲んだそうですが、強壮とか強精というものは感じなかったそうです。

しかし、サイ角がこのような用途にいつまでも使われているので、密猟がなくならず、最近、アフリカの一部の国で密猟防止のために野生生物保護局のレンジャーが麻酔銃で眠らせて、サイ角をノコギリで切り落としていると報じていました。サイ角のないサイでは密猟もできず、というわけです。

でもサイ角を切り取って大丈夫だろうか、と思われるかもしれませんが、骨も芯もなく皮膚と毛が変化したものなので痛くもなく、根元でなければほとんど出血もしません。また、一年余りで元通りの形に生えそろうので心配はありません。

このことで思い出すのはサッチャンに起こった騒動。新しくサイ舎を建設し、寝室内での匂付けや馴らし訓練も終わり、いよいよ放飼場に初めて出した時のことです。本来、電柵で囲い込んだ植栽帯やモート（空堀）には、前もって目に付きそうな目障りなものや音の出るものをぶら下げるのですが、私たちの不注意で、それをしなかったばかりに、目の悪いサイ（サイは嗅覚と聴覚は鋭いが視覚は弱い）が電柵に触れ、狂奔状態になって走り回り岩に激突！　一瞬にして前の長い角が根元からぶっ飛び、血が噴き出してしまいました。

このことで余計に興奮したサッチャンはついにモートに転落し、這い上がれないでいました。このままではモートを飛び越えて園路に出ないとも限りません。直ちに麻酔銃で麻酔薬を撃って寝室に収容しました。

サイ角のないサイは様にならないので、角が治り伸びてくるまで、しばらく寝室内の生活が続き、ようやくお目通りできるようになったのはそれから三か月余りたってからでした。

ちょっとした不注意が命取りになりかねない大事故に結びつくところでしたが、大事に至らず胸を撫でおろしました。

40　オジロワシと鉛中毒

北海道東部で越冬

冬の訪れとともにオホーツクの方から越冬のためにオジロワシが北海道に渡ってきます。そして二月に網走、知床、根室地方が流氷に閉ざされる頃にはオジロワシやオオワシの渡来数がピークになります。

オジロワシはユーラシア大陸の北部に広く分布していますが、イギリス、アイルランド、ヨーロッパ本土では羊の放牧が始まって以来、オジロワシがヒツジを襲う害獣とみなされて駆除されたり、他の害獣のホッキョクギツネやフクロウを駆除する目的で撒かれた毒餌で極端に数が減り、今ではノルウエー、スウェーデン、フィンランド、ロシア、日本などで繁殖が見られるだけです。

オジロワシは日本で見られる大型の猛禽で、イヌワシを抜いて二番目の大きさです（一番大きいのはオオワシ）。飼育下では上手に馴致（じゅんち）（ならす）、調教すれば鷹匠が使うように鷹狩りやショーにも使えます。が、たまに気の強いのがいて飼育係が肩口を鷲づかみにされるとヒト一人ではあの鋭い爪はなかなかはずせないものです。

さて、北海道の東部に渡ってくるオジロワシですが、昔は河川にもサケやマス類がたくさんいてオジロワシも飢えることはなかったのですが、遠洋、沿岸の魚類の乱獲や河川の開発、山林行政の過ちなどで河川が貧困になり、産卵に遡上する魚類も減少し、遠洋、沿岸、内陸の漁業も不振が続いていています。本来、にぎわう漁港も漁獲量の低下から雑魚の処分量も少なく、これらに依存していたオジロワシ、オオワシも空腹から内陸部にエサを求め、エゾジカの屍や死んだカモ類をあさるようになりました。

ライフル弾・散弾の鉛から中毒に

今から一〇年前ぐらいからでしょうか？　北海道東部でオジロワシやオオワシの衰弱個体や死亡個体が問題視されるようになりました。検査の結果、鉛中毒と診断されるものが出てきました。この原因を調べてみるとエゾジカや水鳥を狩猟するのに鉛のライフル弾や散弾が使用され、殺傷されたこれらの死体を食べることで鉛が胃内で溶解し、腸管から吸収されて血中に溶け込みます。

最終的には肝臓、腎臓、脳、神経組織、骨など全臓器、組織に蓄積、沈着して、臓器の機能障害、運動機能障害、食欲不振、削痩、衰弱を起こし、そしてついには死を迎えます。急性の場合ですと、一週間から二週間で死に至りますが、慢性経過を取るものでも二か月余りで死亡するものが多いと聞いています。

このほか消化を助けるため、生理的に小石、砂粒を筋胃に溜め込むカモ類が、猟場に散乱している鉛の散弾を砂粒代わりに飲み、鉛中毒に陥ることがあります。また、このカモをワシ類

オジロワシ

が捕食したり、死体を啄ばんだりすることでオジロワシや、オオワシ、ハクトウワシなどが鉛中毒に罹るという連鎖があります。

以前、カリフォルニアコンドルの保護の話を書きましたが、せっかく保護増殖したコンドルを自然復帰したところ、ハンティングで死んだシカをコンドルがあさり、鉛中毒に罹って一〇羽近くが緊急保護されて一命を取り留めたという話があります。これは放鳥時にテレメトリー（電波発信器）や目視で追跡していたので変調がすぐわかったのでしょう。

錆止めの鉛にも要注意

鉛中毒は野生下だけでなく動物園でも要注意です。中部東海地方の動物園で新しくサル舎が建設され、サルを展示したところ、数日後になってサルがばたばた倒れだしたので、何か感染症にでも罹ったのかと、死亡した個体の臓器の組織検査を行ったところ、肝臓や脳、神経組織などに鉛中毒に特異的な封入体が見つかり、鉛中毒と診断されました。

その原因はサルのケージの鉄骨に、多量の鉛を含む錆止めを使っていたため、展示したサルが暇に飽かして鉄骨を舐めたので中毒に罹ったのです。動物園に勤務する獣医も飼育係も工事担当も錆止めには鉛の含有した下地材を使ってはいけないということを知っていないと大変です。鉛中毒もそうですが、最近問題となっている石綿による中皮腫のようなことになりかねないとも限らないので、建築資材のことにも関心が必要です。

41　スローロリスと密輪

「スローロリス」ってどんな動物かご存じでしょうか？　天王寺動物園では以前、夜行性動物舎で展示していたことがあります。夜行性動物の代表格で、夜行性動物舎を持っている動物園では必ずと言ってよいほど展示されています。しかし、入園者がこの動物をご覧になっている傍らに近づいて耳をそばだててみると、「スローロ・リス」っていうんやて。「リスの仲間かぁ～？　しかし「リス」に似てへんなぁ～？　という会話を聞くことがあります。

学名札には霊長目（サル目）ロリス科と書いてあるのですが、入園者は「スローロリス」という名前だけを読んで、分類名までも確かめないので齧歯目のリス科の動物と早とちりをしてしまいます。

リスはサルの仲間

スローロリスの仲間にはスローロリスと、より小さいレッサースローロリスと、細くてスマートな近縁のスレンダーロリスがいます。夜行性動物ですので、ともに大きな丸い目が顔の正面についていますが、フクロウと同じで大きな目に明るいレンズが備わっているので、わずか

スローロリス

な光でも網膜で映像として映し出します。

エサは昆虫食を中心に果実、若芽、鳥の卵など雑食性です。体の色は薄い茶褐色で、尻尾はたいへん短く、動作は〝のそり、のそり〟とゆったり、緩慢なことからスローなロリスと名付けられました。ロリスの語源はオランダ語で間抜け、道化という意味があります。日本の古名では「怠け猿」、「惰猿」、「けつかい」、中国名で「懶猴」（lan hou）と名付けられていますが、すべてその動作からきているようです。

しかし、別に怠けているわけでもなく、本来の動きなのに、人間の主観で不名誉な名前を付けられて、いい迷惑ではないかと弁護したくなります。

感染症に不用意だった税関職員

もう八～九年前になりますか？ 関西空港の大阪税関から名前のわからないサルを鑑定してほし

いと依頼があり、税関職員が段ボール箱やケージに入れた十数頭の小型サルを動物園に持ってきました。聞いたところによると、古着の詰まった段ボール箱だったか、スーツケースを二重底にしてぎっしりと詰め込まれ、関西空港の税関を通ろうとして摘発されたものです。

サルの種類はスローロリスとレッサースローロリスでしたが、ぎゅうぎゅう詰めの悪い環境と空腹、疲労のため半分近くが死んだように思います（手馴れた現地の悪質ブローカーは動物の脱糞、排尿の汚損や臭気を警戒するあまり積み込む前にエサ、水を与えず、麻酔薬や鎮静剤を投与し、送り出す）。

その時、気にかかったことはケージ、段ボール箱が何も覆われず、扱う係員も素手もしくは軍手程度で運搬作業をしていたことです。ウイルス、細菌、寄生虫の感染症のことを考えると、あまりにも軽率で不用意なのには驚き、係員に注意をしました。

死亡・衰弱個体がいる中で、重度の人獣共通感染症の感染を考えれば、防疫体制を整えずに運送するのは、車両、道路、立ち寄り先の汚染、携わった職員の感染、また、それを受けた動物園側の施設、職員への汚染・感染が考えられます。今後は十分に注意し、空港で鑑定し、防疫措置も施すように伝えました。このような事例では、出国時の検疫はもちろんのこと、入国時も検疫を受けていないことは明らかです。

縦割り行政の犠牲

動物園で税関から摘発物を鑑定依頼されるたびに思うのですが、税関の職員は動物のことはいささか専門外ですし、ましてや感染症のこととなると門外漢ということになります。動物の検疫は農林水産省ですし、人の検疫は厚生労働省です。輸出入の許認可は経済産業省で、特別天然記念物は文部科学省です。希少野生鳥獣となれば環境省で、税関チェックは財務省です。

以前、悪質動物販売業者がワシントン条約の付属書Ⅰに該当するオランウータンを虚偽の申告で税関チェックをすり抜けて密輸したケースもありましたが、これは税関の職員が動物のことをあまり知っていないという盲点を突いた犯罪で、日本の行政が縦割りであることをいみじくも物語っています。

欧米では日本の環境省、農林水産省、厚生労働省、経済産業省、文部科学省、財務省らに係る野生動物の行政に関しては、各専門担当部課がプロジェクトを組織して一本化し、魚類野生生物局とか野生生物保護局として機能し、輸出入の許認可、防疫、検疫、自然保護などにあたるので、専門家同士が共通の知識、情報、技能を持っていると言えます。

日本の行政がいつまでも縦割りの行政をやっているようでは、法治国家と言えませんし、法がザル法でダダ漏れという現状はいつまでたっても進歩、改善されません。

振り回される犠牲は決まって弱者であり、動物であることが多いのです。

42　絶滅危惧種・ジャイアントパンダ

私が初めてジャイアントパンダ（大熊猫）を見たのは、日中国交回復後の一九八一（昭和五六）年一月に上海市雑技団が芸をするパンダ「偉偉（ウェイウェイ）」を引き連れ、朝潮橋（港区）の国際見本市会場で大阪公演を行った時でした。幸いに獣医として裏方で間近に見る機会を得ました。この時のパンダは国賓級の超ＶＩＰの扱いで、事故と病気は起こしてはならぬという強い決意で、飼育課長と係長がエサの手配やパンダの健康管理のため公演会場に一か月以上張り付いていました。そのあおりで後詰の私も二十数日間、連続出勤しました。

その頃から、大阪市でもジャイアントパンダの誘致工作に取り組むこととなり、私自身も八八年の第七次上海友好交流と、一九九四（平成六）年の上海動物園開園四〇周年に上海市へ、九七年には成都市で開かれた'97国際大熊猫繁殖会議に参加するなどして、誘致工作を展開しましたが、機は熟さず誘致の夢は立ち消えになってしまいました。

八〇年代は中国がジャイアントパンダを引き連れ、各地の友好都市で行われる博覧会を回っていましたが、ＩＵＣＮ（国際自然保護連合）やＷＷＦ（世界自然保護基金）の示唆があったのか、短期の借展は中止され、近年は「中国との共同繁殖研究」という名目で繁殖可能なペアを一〇年間をめどに借り入れる形をとっています。現在、神戸市立王子動物園と南紀白浜アドベンチャーワールドが行っていますが、繁殖研究のための借展料は年間一億円から一・二億円と高額です。

第一級保護動物で絶滅危惧種

ジャイアントパンダは、中国国家第一級保護動物に指定され、また、ＩＵＣＮのRed Data Bookの絶滅危惧種やＣＩＴＥＳ（ワシントン条約）付属書Ⅰに指定されている希少種です。八五〜八八年の野生調査では一一〇〇頭でしたが、最近では増加し一五九〇頭と発表されています。

中国では〝大熊猫〟と書かれるジャイアントパンダの分類は、最近の遺伝子の解析によりクマ科に近縁であると明らかになりましたが、八〇〜九〇年代にかけてはアライグマ科やパンダ科に属する表記がされていました。二〇〇〇年代に入ってクマ科に属する表記が多くなり、分類論争もようやく決着したように思います。

食性は雑食性で、野生下では竹や笹と筍のほか山野草など植物に依存し、たまに小動物を捕食しています。笹や竹を上手に手で持って口に運んでいる様子から、さも手で掴んでいるように見えます。これは、人の手の親指に当たるところに、六本目の指に見える手首の橈側種子骨（とうそくしゅしこつ）が変化して突起状になったものがあり、これを上手に使っているようです。

成都動物園繁殖基地のジャイアントパンダ

中国では順調に人工繁殖が進む

ところで最近の中国の動物園では、人工繁殖が順調に進んでいるようです。以前、成都動物園で人工哺乳の現場を見せてもらいましたが、親についている一か月未満の赤ちゃんを獣医師や飼育係が寝室内に入り、いとも簡単に取り上げ、別室の人工哺育器で哺乳瓶による哺乳を行い、毎回、体重、体長、哺乳量の計測を行っていました。これは親のパンダを人に馴れさせることと、確実に子どもを育て上げる手段として行っていますが、パンダの性格が温和なためできる方法だと思います。

また、成都から北西一三〇キロメートルにある臥竜の大熊猫保護区でも二六頭が飼育されていましたが、展示されている各々のジャイアントパンダにはエサ代を援助する里親制度が確立されています。中でも、日本の某大手印刷会社の名板が掲げられていたのが印象的でした。

そういえば、国立ワシントン動物園のパンダ舎は日本のフイルムメーカーが寄贈と大きく名板が掲げられていますし、シンガポール動物園でもフイルムメーカーの寄贈名板が目に付きました。このように欧米では動物園のサポートはあたり前ですが、日本の動物園ではスポンサー企業を見つけるのは並大抵のことではありません。日本の動物園では、寄付行為は、税の控除やPRにもうひとつ効果がないのでしょうか？　不思議に感じます。

集客力があると言われるパンダのような珍しい動物がいなくても、動物たちの生態がありのまま楽しめて、可愛い赤ちゃんの誕生などの明るいニュースと、そして、スタッフのエンターテイメントあふれる演出などで入場記録を集めている動物園が増えてきています。動物園に行くと何だか楽しい、和める、笑顔で迎えてくれるなど、動物の展示だけでなく、プラスαの魅力があれば、動物園はもっと楽しいエデュテイメント（Education+Entertainment の造語）あふれる施設になると思います。

第5章　ケニア紀行

43　念願のケニア・サファリツアー

念願のケニア・サファリツアーに知人たちと行きました。訪れたところはアンボセリ国立公園、ナクル湖、マサイマラ国立動物保護区の三か所です。

まずナイロビを南下してアンボセリ国立公園へ。ナイロビからは二〇〇キロメートルですが、道路事情が悪く目的地まで四時間を要しました。舗装した国道からはずれると悪路で私たちが行った時期はちょうど季節が良かったので大したことはなかったのですが、乾季だとすごい砂塵だし、雨季だとぬかるみで大変だそうです。

三か所の公園の風土について先に述べますが、ケニアのサバンナというとテレビの映像程度の単純な知識しかありませんが、三か所の地図を買い、ガイドブックを読むと、季節によって、場所によってたいそう変化があることがわかりました。

ケニアは北西のトルカナ地方を頂点に菱形のような形をした国で北東から南東にかけては平野部で、西へ行くほど高度が上がっていきます。アンボセリ国立公園はケニアの南東部にあってキリマンジャロの北の麓に展開しています。標高が約一一五〇メートルで、東海岸のインド洋まで地図上の直線距離では三三〇キロメートルほどです。

アンボセリ国立公園のゾウの群れ

本物を見る感動

アンボセリはキリマンジャロの噴火でできた湿地で、九月のアンボセリは乾燥しており、イネ科草本の草丈も低くまばらで、アカシアも樹冠が水平にカットされたような樹形で、シュロヤシ、ユッカなどが見られ、植生は貧困な感じがしました。

アンボセリに向かう途中の道路の脇では背丈の低いトゲ化したアカシアの樹林帯を見ました。図鑑に出てくるアリとアカシアの共生で知られるウィスリングソーントリーで、アカシアが乾燥から身を守るためとヤギやジェレヌク、キリンに食べられないため葉をトゲ化させ、なおかつアリが作る丸い巣を守ります。アリはアカシアと共にアリの持つ蟻酸が捕食者に不愉快な思いをさせることで捕食の被害をいくらかでもとどめようと共生しています。

車を降りて写真撮影しましたが、本物が目の当たりに見られるということは図鑑を超えた感動の実物教育です。草原の土も茶色のアンツーカーばかりと思ったら火山灰様の黒い土もあり、一言では言い表すことができません。アンボセリでは砂漠化も進んでいるようで乾燥した草原ではあちらこちらで砂塵を巻き上げ竜巻が起こっていたのは特徴的でした。乾燥した湿地跡は雨季には広大な湖になるそうです。

動物は種類、数とも少なく、被捕食者であるヌーやトムソンガゼル、インパラなどと、捕食者であるライオン、ブチハイエナの姿はあまり見られませんでした。エサとなる植物＝草食獣＝肉食獣の関係が明瞭にわかり、生態系や食物連鎖というものを目の当たりに見た感じでした。

マサイマラはアンボセリから地図上の直線距離で西に三〇〇キロメートルで、周囲は大地溝帯の山並みに囲まれた高原で標高は約一七〇〇メートルあります。マラ川に沿って山を越え西へ一五〇キロメートル行くと巨大なビクトリア湖に行き当たります。マサイマラの南はタンザニアに接しています。マサイマラは真ん中にマラ川を擁し、水が豊富なことからイネ科草本の草丈も高く緑も豊富で、河畔林、疎林、沼を見ることができました。アカシアなどの樹木ものびのびと自由に枝葉を伸ばしており、景観がまったくアンボセリと違っていました。

大地溝帯の中で

動物の種類、数も豊富で草や樹葉がしっかり繁茂していることもあって、草食獣のヌー、トムソンガゼル、インパラ、グラントガゼル、マサイキリン、トピ、エランド、シマウマなどと、肉食獣ではライオン、ブチハイエナ、ヒョウ、チーター、セグロジャッカル、オオミミギツネ、シママングース、コビトマングースなどのほか、鳥類もとても豊富でした。朝夕のサファリではライオンやハゲワシの採食風景も見られ、ハゲワシのなかでも順位制があるのが分かりました。

ナクル湖周辺は植物や動物も豊富でアカシアも木肌の黄色いイエローフィーバー・アカシアの森があったり、ユーフォルビアの仲間で「キャンデラブラ」という一〇メートルほどのサボテンのような多肉性の樹木の群落も見られ、また、ナクル湖がリフトバレー（大地溝帯）の真っ只中にあって段丘崖や山並みを見れたのは圧巻でした。

動物ではシロサイ、アフリカンバッファロー、ウオーターバック、ウガンダキリンのほか、コフラミンゴ、モモイロペリカン、アフリカハゲコウ、アフリカトキコウ、サンショクウミワシ、ソウゲンワシ、シュモクドリ、ズグロアオサギ、ライラックニシブッポウソウ、オオカンゲリ、セイタカシギ、ウシツツキなど豊富な種を育んでいました。

44　マサイマラのバルーン・サファリ

サファリの楽しみ方のひとつに「バルーン・サファリ」があります。空からのサファリです。朝五時半に起床し、すぐさま搭乗ポイントへ。バルーン（熱気球）は朝の冷気のこもる間にしか運行されません。搭乗前に事故に対する誓約書に直筆でサインをさせられ、一人三五〇ドルを支払って飛行場？（気球の場合はどう呼ぶのだろうか……広場でいいのかな）に到着。既に一〇名ぐらいのスタッフが忙しそうに立ち働いていました。

寝かせてある気球の大きさは二五メートルほどでしょうか、これに工業用の扇風機二台で風を送り、ある程度膨らませると、次にプロパンボンベからバーナーを着火し、熱風を送り込むと勢い良く膨らんでいき、ようやく気球らしい形になってきました。乗り込む前にパイロットが離着陸の説明をしてくれました。とくに着陸時には注意を要するようで細かく注意を与えていました。この気球は一六人乗りで直方体のバスケットを四区画に割ってバランスよく四人ずつ乗りこみます。

いよいよ離陸です。補助的に使っていたアフターバーナーのボンベを外すと一気に浮力が付きます。一六名が乗ったバルーンは音もなくスーッと上昇していきます。時折、バーナーの

バルーン・サファリ

「ゴーッ」という音はすさまじいですが、それ以外は音もなく、風の音が感じられる程度です。何と形容してよいのか「まるで天国へ上るみたい」という、経験もしたことがない心地よさです。

高度は三〇〇〜五〇〇メートルまで上昇します。眼下には、ヌー、キリン、バッファロー、トムソンガゼルとそれらがつけた無数の獣道、そしてアリ塚が見えます。バーナーの音に驚いて疾走するトムソンガゼル。頭をもたげて平然とこちらを見上げるバッファロー。

タイムスリップ

このバルーンという乗り物は、フランスのモンゴルフィエ兄弟が一七八三年に発明し有人飛行して、二二〇年余り経っていますが、原理、構造とも何も変わっていないし、大して進歩もしていません。まるでタイムスリップした乗り物に乗っている感じです。

さて、一時間余りのバルーン・サファリも終わりに近づき、いよいよ着陸です。どのように減速し、着陸するのかわからないうち、とにかく教えられたとおり、バスケットの中でうずくまって取っ手を強く握り、頭を下げ、あごを引いた状態でその瞬間を待ちました（この姿勢はまるで航空機での非常緊急時の姿勢ではないか！）。確か時速八〇キロは出ていたと思うのですが、うずくまっている関係で外の状況が十分掴めません。バスケットの小さな穴から見える範囲では高度が徐々に下がり、地面が流れる様子から着陸のスピードは時速二〇キロはありそうです。

「ドーン」「ドドドーン」「ズズズーッ」やっと止まった。思わず「ホ〜ッ」というため息と横倒しになったバスケットからおもむろに這い出してから、顔を見合わせ拍手が沸き起こりました。もちろん無事着陸を喜んでです。

心憎いサービス

着陸点から数百メートル歩くと目印になる大きな木があり、そこではロッジのスタッフが時間に合わせて朝食の準備に取り掛かっていました。トラックに厨房機材と食器、食材、テーブル、椅子とスタッフを積んで着陸時間に間に合うようロッジを出てくれていたのでした。サバンナのど真ん中での朝食はロケーションといい、雰囲気といい、バルーンを降りたばかりの興奮もさめない中、このようなセッティングは心憎いサービスです。何と豪華で贅沢なんだろう。

メニューもシャンパンから始まり、続いて、ブラディマリーだのジントニックだのスコッチロックだの飲み放題、お蔭で朝から出来上がってしまいました。オムレツ、ポテト、ベーコン、ソーセージのソテー、ビーンズの煮込み、サラダ、クレープ、ケーキとひと通りコースとして用意してくれています。この間にもハゲワシやジサイチョウや野生動物が近寄ってくるので双眼鏡でのぞいたり、望遠レンズで写真を撮ったり、ハゲワシの中に珍しいエジプトハゲワシがいたのも収穫でした。二時間弱の朝食を楽しみ、サファリドライブを楽しみながらロッジへ戻りました。

45　ヌーの川渡り

年に二回一四〇万頭がマラ川を渡る

マサイマラの呼び物にヌーの川渡りがあります。ＮＨＫの野生動物番組や動物写真家の写真集などでヌーが川岸の崖を逆落としのように飛び降りて、川に飛び込む映像や写真をご覧になった方がいらっしゃると思います。毎年四月になると青草と新鮮な水を求めてタンザニアのセレンゲティ草原から何千というグループが北のケニアを目指して、マラ川を渡りマサイマラ保護区を横切って移動します。また、九月下旬になれば反対にケニア北部から南下してきたヌーの群れがマラ川周辺に集結し、マラ川を渡ってタンザニアのセレンゲティに移動していきます。その数は一四〇万頭と言われています。この行動は毎年変わることなく行われます。これはマラ川を挟んで雨季と乾季の気候と植生変化との関係と言われています。私たち七名のパーティはこのヌーの川渡りを撮影するためマラ川の近くのマラセレナ・ロッジに二泊しました。

到着したその日の午後のサファリでドライバー無線からヌーの大きな群れがマラ川の川岸に集結していると情報が入り、急いで駆けつけました。慌ててカメラをセットし、車から飛び降

マラ川を渡るヌー

りて、いばらのブッシュをかいくぐり、川岸に到達しましたがアナログカメラのためピント合せに手間取り、十数枚撮っただけで、川渡りが突然途絶えてしまいました。川渡りの様子ですが、集結していても全く渡ろうとせず夕方に引き返して群れが散会する場合や何かのきっかけで一気に渡ってしまうもの、渡った群れが、また再度引き返して戻ってくるものなどもあり、必ず渡ったものが目的地までまっしぐらというものでもないようです。

カバがヌーをくわえ込む

さて二日目の川渡りの観察もドライバー無線で情報を入手し、目的地に急ぎました。マラ川はヌーやシマウマの川渡りで有名ですが、カバの多いことでも有名です（天王寺動物園のカバの透視プールは、このマラ川の景観を参考にしている）。

もうすでに対岸には続々とヌーが集結し始め、その数は数千頭あまり。飛び込む瞬間をジリジリして待つこと一〇分、二〇分、三〇分、一頭が飛び込むと堰を切ったように川渡りが始まりました。「ムー、ムー」と鳴き声を上げながら縦列になって渡っていきます。マラ川には大きなナイルワニがいますが、今回はお腹がいっぱいなのか、ヌーを捕食することはありませんでした。しかし、そのかわり予想もしないことが起こりました。川渡りしている列に数頭のカバが近づいていきましたが、そのうちの一頭がヌーをくわえ込んでいました。草食獣のカバが何故、同じ草食獣のヌーを捕殺するのでしょう？　考えられることとしたら「遊び」しか考えられません。もしかしたら、ヌーの巨大な胃袋に入っている植物の半消化物を自分のエサにしようとしているのでしょうか……？　しかし、ショックでした。カバの大きな口からヌーの角や足が出ていたのには驚きました。こんなシーンはまたとないと全員が夢中でシャッターを押しましたが、カバが潜るのでなかなかいい写真は撮れなかったようです。

また、川渡りの最中に岸に上がる寸前でもがいているヌーが一頭いることに気が付きました。鼻先だけが水面から出ており、かろうじて呼吸はしているものの喘いでいます。体のほぼ全体が水中に没しており水中で何が起こっているのか想像もできません。ワニが水中でくわえ込んでいるのか、それともカバか？　もう二〇分以上ももがいています。川渡りの群れも途中で途絶えて、この一頭だけが水中に取り残されています。

みんなも固唾を飲んで見ており、助かってほしい反面、いいシャッターチャンスもほしい。その時、突然体が浮き上がりました！　カバが押し上げたのか？　それともワニか？と思いきや崖を駆け上がって行ったではありませんか、みんなから「よかったなあ」という声があがったのは言うまでもありません。そのヌーを目で追ってみましたが体には一つの咬み傷もなかったので、たぶん川底の岩盤の裂け目に足でも挟まっていたのでしょう。でも助かってよかった！　川渡りもいろいろなハプニングやドラマがあります。

46　チーターとキングチーター

チーター親子の狩りに遭遇

ケニアのマサイマラでチーターに遭遇した時のことです。その日のサファリも終わりに近づき、日が傾きかけようとした時にドライバーのブラウンさんが指さして「チーターだ！」と教えてくれました。相当遠方にいましたが、こちらの車を気にすることなく何かにつかれたようにどんどん近づいてきます。子連れの四頭でしたが子どもはまだ七～八か月でしょうか、同行の動物写真家のUさんは「彼女らは四～五日食ってね～な」、「脇腹がげそっと痩せているじゃないか」と教えてくれました。

チーター親子は私たちの車を気にすることなく横をすり抜けて、前方のヌーの群ればかりを見て距離を詰めていました。おや！　ハンティングでもするのかな？　……と期待し、メス親の動きを見ていたところ、何とか一頭でも仕留めようとターゲットを絞り込んだようです。三頭のチーターの子どもも母親に寄り添って二～三メートル後について、母親の動きを横目で見ながら臨戦態勢をとっています。

マサイマラのチーターの親子

「上手く仕留められたらいいな、そしたら今夜は久しぶりにお腹いっぱいご馳走が食べられるだろうな」なんて期待をしていたところ、子どものチーターの一頭が矢も盾もたまらず飛び出してしまいました。母親も何とかしなくてはと全速力で追いかけましたが間に合わず、結果は言わずもがなで失敗に終わりました。

母親は身を持って教えようとしたのでしょうが、空腹が一番の学習となりました。しかし、子どものチーターにとってはお腹にこたえる貴重な経験をしたと思います。

見ている私たちは仕留めさせてやりたいという心やさしい気持ち?と、すごいシャッターチャンスをものにできなかった歯がゆさとが、ないまぜになった複雑な気持ちで呆然とチーターを見送っていました。

かつて白浜アドベンチャーワールドにいたキングチーター

他のネコ科とは異なる特徴

チーターという動物はやはり他のネコ科とはちょっと違います。猛スピードで追尾している姿はイヌのグレーハウンドのようなしなやかな体つきですし、爪がネコのように引っ込まないのもイヌと同じです。グルチメック(Grzimek)の図鑑では「ネコの頭を持ったイヌと呼ぶことができる」と記載しています。

面白いのは子どものチーターが一歳近くなるまで頭から背中、尻尾にかけて親とは似つかないグレーの長いたてがみのような毛に覆われていることです。これは他のネコ科では見られないことで、私の思うにはサバンナで天敵から身を隠すための保護色の働きがあると考えられ、また、霊長類のルトンの赤ちゃんの親と全く違う明るい毛色や、チンパンジーの子どもの尻にある白い毛のように保護を訴える色のサインであるかもしれません。

余談ですが、グルチメックの図鑑では紀元前三〇〇〇年にシュメール人が狩猟にチーターを同行させたとか、同じく紀元前一六〇〇年にエジプトのファラオが狩猟に連れて行ったとか、一三世紀にマルコポーロが蒙古のフビライ・ハーンをカラコルムの夏の別荘に訪れた際、狩猟の目的で一〇〇〇頭のチータを飼い込んでいたとかの面白い記録があります。

突然変異種が日本の白浜に

ところで、ケニアではお目にかかることは不可能ですが、「キングチーター」という毛色の変わったチーターが一九二七年に南アフリカのジンバブエで発見されました。毛色は通常のチーターの斑紋ではなく、帯状に連なったぶち模様で、当初は新種のネコ科かと騒がれましたが、その後の研究で常染色体の一個の遺伝子が突然変異してできてしまったもので、劣勢の遺伝子と言われています。そのためか通常のものと交配してもキングチーター固有の斑紋を持ったチーターはなかなかできないようです。

日本では白浜のアドベンチャーワールドに一頭いましたが、それはとても素晴らしいものでした。アドベンチャーワールドを訪れた入園者も見ているようですが、あまり気が付かないようで、私たちからすると垂涎の的で欣喜雀躍するシロモノなのです。

47　ブチハイエナはスカベンジャーか？

メスのリーダーを中心に母系集団を形成

日の落ちるのが早い秋頃から、夕闇が迫ると園内でブチハイエナの唸り声が時たま聞こえます。「ア～ァウゥ～」。ちょっと聞きなれない不気味な声！

アフリカのサバンナでは当たり前に聞こえる啼き声も、都会の天王寺動物園ではなかなかなじみのないものです。

「ガオ～ガオ～」と吼えるライオンの大きな啼き声は人気が高く、啼き出すとすぐに黒山の人だかりができるのですが、残念ながらハイエナは昼間に啼くことはほとんどないので、独特の啼き声をお客さんが聞くことはありません。

ブチハイエナを見るお客さんの声を拾ってみると、「かっこいい」とか「かわいい」という声はめったに聞かれず、「不細工な動物やな」とか「死肉をあさったり、ほかの動物が仕留めた獲物を横取りする卑怯なヤツやで」という否定的なものばかりです。

タイトルのスカベンジャーとは「掃除屋」とか「腐肉を食う動物」という意味がありますが、

本当のところはそうじゃないのです。

野生のブチハイエナの行動が調査されるようになったのは比較的歴史も新しく、それによって今までの暗いイメージがちょっとずつ払拭されてきました。

ブチハイエナ

ブチハイエナは単独で生活する個体や、オスだけのグループを形成するものもありますが、おおむね力の強いメスのリーダーを中心に女家長制でメスの順位が高い母系の集団（メス集団）を形成し、何頭かのオスを交えた十数頭から最大八〇頭ぐらいの群れになります。

こういう群れを「クラン」といいますが、縄張りがはっきりしていて厳重に守られています。この縄張りを明確にするため、同じクランに属するハイエナが縄張りの要所要所の境界に糞塚を積み上げたり、雑草や潅木にペースト状の分泌液を塗りつけ、マーキング（匂い付け）をします。

群れの全員で分業して捕獲

獲物をとるのは分業制で、探索、追跡、攻撃、防御とチームワークよろしく全員でかかります。通説では、意地汚くほかの肉食獣が仕留めた獲物を横取りしたり、食べ残しのお余りを食べると言われていますが、調査によって実際には自分たちで狩猟するのが七〇〜九〇パーセントで、食べ残しや死骸をあさるのは一〇〜三〇パーセントです。反対にせっかくハイエナが仕留めた獲物を横取りするのはほとんどが体の大きなライオンです。

アフリカ・マサイマラで見かけたブチハイエナは一〇頭ぐらいの群れで、書物に書いてあるような大きな群れを見かけることはなかったのですが、昼間、サバンナに刻まれた轍のぬかるみに体を冷やすためか、全員が腹ばいになっていたのが印象的でした。バルーン・サファリから見たサバンナに点在する土盛りの巣穴から顔を出していたハイエナも印象的でした。夜にはロッジの近くで朝方まで続くハイエナの咆哮はサバンナの情緒を盛り上げてくれました。

さて、天王寺動物園のブチハイエナですが、二〇〇五年七月にオスの赤ちゃんが生まれて順調に成育し、午前中に父親、午後から母子を展示しています。この機会に写真撮影をしましたが、オスは非常に臆病でカメラを向けると遠ざかりますが、母子は反対に好奇心旺盛でカメラを構えると興味深く近づき、まるっきり写真を撮らせてくれませんでした。

分類上はジャコウネコに近い

ハイエナに関する書物を読むと、ブチハイエナの知能や性格はネコとイヌの中間くらいで賢く、小さい時から飼育するとペットのように飼うことができると書いてありました。近寄ってくる顔をじーっと見ていると目も穏やかで優しく、クンクンと匂い嗅ぎをするので思わず手を出しそうになるのですが……。あぶない！　あぶない！

ところで、ハイエナの展示についてはいずれの動物園でもオオカミのならびに展示することが多いことから、オオカミに近縁だと思っておられる方が多いのですが、ブチハイエナは分類上、ジャコウネコの仲間に近いのです。また、硬くて太い骨を噛み砕くことから、強靭な顎の力を示す頭骨はライオンなどとよく似ています。掃除屋と言われるくらい何でもきれいに食べつくしますが、毛、爪、蹄、角、骨など一部の不消化物をペリットとして吐きだします。

このほか、ブチハイエナのメスの生殖器の形態は、オスのものによく似ており擬態で、一瞬の外貌観察では判別が困難です。これは女家長制の強力な母系集団ということに関係があるかもしれませんが、動物商も動物園人もとにかく、間違うのです。

48　サバンナのハゲワシ

何故か、「ハゲワシ」のことを一般に「禿鷹（ハゲタカ）」と呼び、「ハゲタカ」という鳥が実在しているよう思われています。しかし、実は、そのような鳥は存在していません。地球上にはワシ、タカ、コンドルなど、猛禽の仲間が旧世界、新世界と広く分布しますが、ハゲワシもヨーロッパ、アジア、アフリカに一五種類ほどが分布しています。

暗いイメージで人気が低い

日本の動物園では在来のワシやタカの展示や、コンドルの展示は結構たくさんあるのですが、ハゲワシの類はあまり見かけられないようです。日本動物園水族館協会の平成一三年度の年報を見るとヒゲワシ、クロハゲワシ、ベンガルハゲワシ、シロエリハゲワシ、エジプトハゲワシのたった五種類が五園でしか飼われていない寂しい現状です。

なぜ、動物園でハゲワシがあまり飼われていないかについて、私なりに推論してみると、やはりスカベンジャー（腐肉あさり）という暗いイメージ。そして、禿げた羽毛のない頭と長い首が死体に群がり、血だらけになって、死肉をあさっている姿がテレビや写真等で紹介されて

ヌーの死体を採食するハゲワシの仲間（マサイマラのサバンナにて）

いるため、あまり人気がないようです。

「イヌワシ」や「コンドル」というと気高く、「大空の王者」とか「天空の覇者」とか形容され、「ハクトウワシ」においてはアメリカ合衆国の国鳥として力強さの象徴となっていることと対照的です。

猛禽は非常に視力がよいことでも知られていますが、特にコンドルやハゲワシの類では嗅覚も鋭いようです。現地、アフリカ・マサイマラのガイドは、「カオジロハゲワシが最も目がよく、一番最初に獲物を発見する確率が五〇パーセントほどで、他のハゲワシの追随を許さない」と言っていました。

また、ライオンやハイエナが、ヌーやシマウマを倒し、食事にありついていると、どこからともなく多くのハゲワシの仲間が察知して、瞬く間に数十羽が上空に弧を描き、待機しています。そして、ライオンたちの食事が終わるのを上空で辛抱強く待っていますが、ライオンやハイエナが獲物の内臓を食い破った途端、その内容物の臭気を嗅ぎ取って舞い降りてくると言っていました。

そんなハゲワシの採食シーンは、テレビや写真で幾度と見ていましたが、アフリカのマサイマラのサバンナでハゲワシの群れがヌーの死体を取り囲んで、採食しているシーンを見た時は非常に興奮と感激を覚えました。そして、鳥類図鑑を手元においてヌーの死体に群がるハゲワシを調べてみると、ミミヒダハゲワシ、マダラハゲワシ、コシジロハゲワシ、カオジロハゲワシ、ズキンハゲワシの五種類が見られました。

明確な順位と優劣の力の差

死体に群がっているなかで、最も多いのがマダラハゲワシで、次いでコシジロハゲワシ、カオジロハゲワシの順で、最も小さい数羽のズキンハゲワシは群れの外側にたたずんでいました。数の多いマダラハゲワシは体格的にはミミヒダハゲワシと遜色はないのですが、十数羽のマダラハゲワシの中にミミヒダハゲワシがたった一～二羽しかいないのに、採食の優先権はミミヒダハゲワシにあって、ミミヒダハゲワシの採食中はどの種類のハゲワシも横で見ているだけで、たまに厚かましく食べに入ろうものなら、鋭い嘴で切り裂かれます。

ミミヒダハゲワシが満腹して引き下がらないことには、他のハゲワシが獲物にありつけない仕組みになっています。ハゲワシにも明らかな順位と優劣の力の差があって、食べる順番がきっちり決まっているのを初めて知りました。

ハゲワシの採食シーンを眺めていると、強靭な腱や筋肉を、顎の力と鋭い嘴と脚の踏ん張りで、我々がナイフ・フォークを使ってもなかなか切れない野生獣の肉を、いとも容易く噛み切ってしまいます。図鑑やテレビではハゲワシの群れにかかれば数分で骨になってしまうと誇張されますが、実際は、採食には順位や闘争があってなかなか数分とはいかないようです。最後には、骨と皮を残し、きれいに食べ尽くしています。

サバンナをサファリしていると、肉食獣の餌食になったヌーやシマウマ、トムソンガゼル、時にはカバの骨格が真っ白に晒されて放置されています。そんな時に、私は、「この動物の剥製を製作したら××万円ぐらいはかかるだろうな？」と胸算用をしたり、「放っとかれているのなら、持って帰りたいなぁ」と不埒な考えを持ったりしたものです。そんな時、サバンナが宝箱のように見えます。

49　シマウマの縞は保護色？

シマウマの縞模様は、「白地に黒か？黒地に白か？」と論議されることがあります。一部の図鑑には、白地に黒の縞模様とはっきり記述されています。しかし、実際に詳しく調べてみると、トラの縞模様と同じで、毛を刈り込んでみると一見白地に黒縞にも見えますが、さらにカミソリで丁寧に剃っていくと、肌色の地肌があらわれます。よく見ると黒毛と白毛が帯状に生えています。黒毛はあくまで黒い毛根を持ちますし、白毛は白い毛根を持つので、肌色の地肌に黒の帯縞と白の帯縞があるということで、正解は、白でも黒でもなく、「シマウマの地肌は肌色」ということになります。

縞々の模様は何のために？

また、「シマウマの縞模様は何のためにあるのか？」という質問もよくあります。南アフリカのサバンナへ行ったときのことです。ブッシュに何頭かのチャンプマンシマウマがいたのですが、正確な数字は掴めませんでした。というのも、シマウマの群れがブッシュの木々に溶け込んで、縞模様が重なり合ったりするので、頭数はもちろん子どもや高齢の弱い個体がどこに

マサイマラ動物保護区のグラントシマウマ

いるのか、また、どちらが頭でどちらがお尻かが判別できない状態に映るのです。

つまり、ヒトの目には鮮やかな縞は、外敵から身を守るにも好都合な「保護色」になっているのです。たくさんの色が識別できるヒトからすると鮮やかな草原も、実は動物たちにとってモノクロの世界なのです。ですから、外敵からすると、白黒のシマウマの縞は、カムフラージュとなっていて、ましてやブッシュの中にいると「獲物」が絞りこみにくいようです。

シマウマは奇蹄目ウマ科ウマ属シマウマ亜属に属します。どちらかというとロバの仲間に近く、尻尾の毛はウマほど長くなく、ロバと同様に中間から先端の方にあります。いななきもウマのように「ヒヒ～ン」とは鳴かず、ロバと同じように「フンガ、フンガ」、「ヒィ～ホ、ヒィ～ホ」と鳴きます。

現在、シマウマには二属三種五亜種がいます。シマウマ亜属にはヤマシマウマの仲間のケープヤマシマウマ、ハートマンヤマシマウマ。サバンナシマウマの仲間にはチャップマンシマウマ、セロウスシマウマ、グラントシマウマ。グレビーシマウマ亜属にはグレビーシマウマがいます。三種のシマウマのうちグレビーシマウマはウマの系統では早くから枝分かれした種類で、反対にサバンナシマウマとヤマシマウマは系統的に距離が近く近縁ですが、ヤマシマウマはシマウマの中でも最も古いタイプのシマウマと言われています。

さて、シマウマの渡来の歴史を調べてみると、京都市紀念動物園が一九〇八（明治四一）年に我が国で初めてドイツ・ハーゲンベックから購入しています。天王寺動物園でも、一九二六（大正一五）年に一頭四五〇〇円で購入しています。この価格は当時のサラリーマンの月給の七〇倍という法外な、想像を絶する値段です。しかし、今では繁殖技術や飼育技術が向上し、シマウマは売買されることなく、繁殖している動物園から希望する動物園へ無償で譲られる時代となっています。

渡河の際にもあくまで慎重

どこの動物園にもいて、すっかりお馴染みになったシマウマですが、動物園で見るより雄大なアフリカの大自然の中でこそ輝いているように思います。幾つもの河を越え、群れで草原を疾走する姿は、躍動感に満ちて、感動的です。

ケニア・マサイマラ動物保護区で見たグラントシマウマの群れは、おびただしい数のヌーとタンザニアへ季節移動の途中でした。私どもはこれらの群れの渡河を見ようとマラ川の川岸で待機をしていますと、憶病者で知られるヌーの大群が、水音をたててダイナミックに渡河を始めました。しかし、グラントシマウマは慎重で、川岸で足をちょっと水につけるだけで渡河せず、途中で引き返すものもいました。どうしてかと、よく観察してみますと、川にナイルワニやカバが近接していたり、サファリツアーの人のざわめきに敏感に反応していたようです。結局、シマウマは、渡河せずにいました。安全ということに敏感に反応するようです。しかし、別の水飲み場では、ヌーに混じって体の半分を没して、水を飲む太い神経のシマウマもいました。

食うか食われるかの危険な連鎖の中にあって、シマウマの黒と白の鮮やかな縞が、実は天敵から身を守るのに保護色の役目をしていることや、外敵の接近に敏感に反応する身体機能などには、はかりしれない自然の叡智を感じます。

あとがき

二六年勤務した天王寺動物園を退職し、再就職先の動物園協会でのんびりしていたら、大阪民主新報社の西田和憲編集長から、「今までの経験を生かして、動物ものを連載してみませんか？」とお声がかかり、軽い気持ちで、「よっしゃ、やってみましょ！」と無責任にも答えてしまいました。おかげで毎回、一話二二〇〇字を毎週欠かすことなく書き上げなければならず、長期旅行の場合は書きだめを二〜三本準備しなければなりません。思ったより大変で、プレッシャーはかなりなものでした。

この本は、この時に掲載された四九本を、一部加筆訂正し、五つのジャンルに構成しました。

第1章では、干支にちなんだニワトリのルーツやキーウイフルーツやキリンの名前の由来などの「ルーツを探る」。第2章では「繁殖と治療」と題して、クロオオカミの赤ちゃんの黒い被毛の色が抜けてしまったことや人工哺育のオランウータンが性成熟しても交尾できないこと、本州で初めて繁殖に成功したホッキョクグマの苦労話など。第3章では不思議なコアラの離乳食や真っ赤なフラミンゴミルクのこと、今では滅多に見られないタスマニアデビルやミミセンザンコウの話などを紹介する「生態・行動・習性」。第4章では絶滅の危機からよみがえったカリフォルニアコンドルの人工繁殖や、現在、保護活動が進んでいるツシマヤマネコの現状と鉛中毒が問題視されている道東のオジロワシの話など「自然保護」に関するものを。そして第5章では初めて訪れたケニアの野生動物たちの生き生きした姿を「ケニア紀行」として記しています。

長年、動物園で動物と接していると、動物からいろいろなことを教えてもらいます。ニホンザルやチンパンジー、タンチョウの子育てを見ていると、ほのぼのとしてきますし、時には毅然とした厳しさも見せてくれます。

動物たちの親は、子どもがひとり立ちするまでの、ほんの数か月、或いは数年の短い期間に、自分の経験したことや受け継いできた生きる術を徹底的に教えます。そして、その期間が過ぎると、厳しい子別れをします。

最近、ヒトの社会では、保護者による乳幼児の育児放棄や虐待死。また、子どもによる近親者の殺人が多発しています。そのことから、ヒトの親は、子どもたちに生きるということ、社会規範であるルールやマナーなど必要なことを成人するまでに教えているのでしょうか? 疑問に思います。

動物園では、動物の子育てや繁殖、闘争、融和などいろいろな場面に遭遇します。また、チンパンジーのように、見ているとヒト以上に人間らしい表情やしぐさを見せてくれますので、ついつい時間を忘れてしまいます。動物園は、確かに野生下とは違い、限られた環境にあります。その中でも、真剣に、素朴に生きている動物たちの姿は、いろいろなことを感じさせてくれます。何より〝生きる〟ということの素晴らしさを再認識させてくれるように思います。

もし、子育てや自分の生き方、処し方に悩みや疑問を抱いた時には、動物園へ行ってみてください？　きっと動物たちが、いろいろなことを教えてくれるはずです。また、見に来られる回数、時間帯、目的、興味などによっても、さまざまな発見と感動を与えてくれます。

この本は天王寺動物園で、見聞きしたこと、経験したことを中心に、自分流にまとめています。そのため、ひとつのスタイルにとらわれず、エッセイ風であったり、メディア向けプレスリリースであったり、紀行文であったり……、バラエティに富んでいます。読み疲れはしないので、気楽に興味のある所から読んでみてください。

この本がどうぶつと動物園に親しむガイドブックとして、また、久し振りに関西から出た動物園本として、親しんでいただければ幸いです。

今回、大阪民主新報の連載を本にして出版してみたらと、出版の糸口を作っていただいた大阪民主新報社の西田和憲編集長に多大の謝辞を申し上げます。また、出版を引き受けていただいた東方出版の今東成人社長、並びにこまやかな作業を苦もなく快く処理していただいた北川幸さん、そして原稿のチェックやレイアウトなど専門的なことをアドバイスしていただいたオフイス・アイの井川京子さんにも深甚の謝意を表します。動物園のスタッフには最新の情報を快く提供していただきました。そして職場の同僚にも理解と協力を得ました。心よりお礼を申し上げます。また、何よりもまして結婚以来、支え、励ましてくれた妻・千鶴代に多大の謝意を申すことはもちろん、退職しても自己の満足で多忙な生活を余儀なくさせ、犠牲となっている彼女に、まず一番にこの本をささげたい。

皆さんのご支援でこの本が刊行されることを心から感謝しています。

平成一八年(二〇〇六)九月

書斎にて

中川哲男（なかがわ・てつお）

1943（昭和18）年10月生まれ。大阪の最南端・岬町淡輪（たんのわ）在住。

日本獣医畜産大学（現・日本獣医生命科学大学）獣医学科卒業。

獣医師。

1966（昭和41）年、大阪市役所奉職。79年、大阪市天王寺動物園主査、99年、同園長、2004年、退職。2005（平成17）年、（社）大阪市天王寺動物園協会理事長。

著書：『大阪市天王寺動物園70年史』（1985年、大阪市天王寺動物園、共著）、『大阪市天王寺動物園80年史』（1995年、大阪市天王寺動物園、共著）、『わたしたち地球家族』（1995年、大阪都市協会、共著）、『どうぶつの妊娠出産子育て』（1995年、メディカ出版、共著）。

（社）日本動物園水族館協会・会友、関西女子短期大学非常勤講師、大阪ペピイ動物看護専門学校非常勤講師、南海アミューズメント株式会社・みさき公園顧問。

動物園まんだら

2006年10月16日　初版第１刷発行

著　者――中川哲男

発行者――今東成人

発行所――東方出版㈱
〒543-0052　大阪市天王寺区大道1-8-15
Tel. 06-6779-9571　Fax. 06-6779-9573

装　幀――濱崎実幸

印刷所――亜細亜印刷㈱

落丁・乱丁はおとりかえいたします。

ISBN 4-86249-032-8